I（1~6）堂課

安琪老師的24堂課

Angela's Cooking

出版緣起

出版食譜，出了快30年，一直認為出版食譜，就應該是詳實的記錄整道菜烹煮的過程，這樣讀者就能按步就班的輕易學會，所以沿襲著媽媽的習慣，我們常自傲的就是：跟著我們食譜做，一定會成功。

隨著時代的腳步，年輕朋友在清、新、快、簡的飲食要求下，的確改變了對食譜的要求，在「偷呷步」的風潮下，我們食譜裡的Tips或「老師的叮嚀」，變成了食譜的主要賣點；在「飲食綜藝化」的引領下，看教做菜的節目，反而是娛樂性遠大於教育性，而買食譜變成了捧明星的一種方式。

有一次看大姊在上課教學生，說到炒高麗菜這道菜，從高麗菜的清洗方式，到炒的時候要不要加水這兩件事，就讓我興起了出教學光碟的想法，原來在教做菜的過程中，有那麼多的小技巧，是只可言傳而無法用文字記錄下來的·其實這麼多年，也不是沒想過出教學光碟，只是為如何有系統的出、選那些菜來示範，讓我們一直猶豫不決，直到那天大姊跟我說，有一班學生，跟她學了23堂課，還要繼續學，她跟學生說，實在沒東西可以教了（因為重複做法，只換主料的菜，她不願教），讓我有了新的想法，就以她上課的教材，拍攝24集《安琪老師的24堂課》，不但包括了她對中菜的所有知識，也包括了她這麼多年對異國料理的學習心得，於是忙碌的工作從2012年夏天開始……。

將近30個小時的教學內容，96道菜的烹調過程，所代表的不只是96道美食，更是96種烹調方式、種類；和我們對你的承諾：給我們30小時，我們許你一身好手藝。

安琪老師的二十四堂課 目錄

第一堂課

扁尖筍冬瓜排骨湯

山藥紅燒肉

廣式清蒸魚

三鮮干絲

江浙美味營養湯品

扁尖筍冬瓜排骨湯

課前預習

重點1 量杯與量匙

常見的計量單位有1大匙、1茶匙、1/2茶匙和1/4茶匙與1杯。量匙與量杯可到超市或廚具專賣店購買。如果真的沒有量匙，可以用家裡應該都有的，喝湯用的湯匙暫時替代量匙使用，喝湯的湯匙的九分滿就大約是1大匙。其他的不同容量的量匙則可以此類推。其次是量杯，量杯容量也是有規定的，不可以拿家裡的量米杯來代替。量米杯只有180cc，料理專用的量杯卻有236cc，相差將近60cc的容量，因此還是建議準備一個標準的料理用量杯。

重點2 必備的調味料

在所有的調味料中，最重要的就是醬油。醬油不必一定要最貴的品牌或最稀有的產品，只要自己習慣就可以了。建議準備淡色醬油、深色醬油，以及老抽醬油三種。通常淡色醬油適合炒菜，深色醬油適合紅燒，老抽醬油在料理中則是具有色澤，但沒有鹹味的一種醬油。

其他的調味料方面，醋的部分，建議準備鎮江醋以及白醋。糖呢，特級白砂糖、黃砂糖以及小顆粒的冰糖也是必備，至於最常使用的鹽巴，由於目前選擇眾多，只要選擇自己喜歡或習慣的品牌或種類即可，一方面是自己熟悉的鹹度，調味時也較能拿捏。

重點3 留意需要發泡的乾貨

乾貨食材在料理前，多半需要經過泡發，好讓食材的味道完全被喚醒，也才能被使用在料理中，否則完全無法煮食。第一堂課中會用到的扁尖筍以及香菇，都需要事先經過2-3小時的浸泡，因此，做菜前，記得先想一想有沒有哪些乾貨是需要先泡發的。

認識食材

1 扁尖筍：

扁尖筍是江浙菜中的常見食材，在台北比較大的市場，專賣南北貨的店家可以找到。第一堂課料理中的扁尖筍冬瓜排骨湯，使用了扁尖筍與扁尖筍嫩尖。扁尖筍需要事先泡發後，再加入排骨一起熬湯，為湯頭提供了主要的美味，而扁尖筍嫩尖，只需要洗去鹽分，就可入鍋同煮。

2 冬瓜：

冬瓜是台灣市場常見的食材，有利水去濕的功能。廣東人甚至連皮一起烹煮，據說冬瓜皮利水效果比瓜肉更好。你也可以比照辦理，真的不習慣的話，上桌前，可再將冬瓜皮取出，不要食用。

3 番茄：

黑柿番茄是台灣最常見的番茄品種，另外，近幾年來被廣泛栽種的牛番茄，也很美味。除了大小的差異之外，黑柿番茄酸味較足，喜歡湯頭酸味多一點的人，可以全部以黑柿番茄入菜。

4 煮湯排骨：

我個人認為最好的排骨是在梅花肉旁的骨頭，因為位於豬的夾心肉附近，因此也有人叫做夾心排骨。這個地方的排骨，有比較多的肉，煮起湯來，骨香和肉香兼具，讓湯頭有豐富的滋味。

學習重點

1 冬瓜分切的原則

冬瓜，記得切成同樣的大小，如此一來，才能讓每一塊冬瓜都能均勻熟透，否則一鍋湯裡可能會產生，切得薄的冬瓜已經爛熟，但切得厚的冬瓜卻還沒熟透的狀況。

2 汆燙秘訣

汆燙是煮排骨湯的重要步驟，主要是將血水及雜質去除。汆燙的第一要務，就是事先燒開一鍋滾水，水滾後再把排骨放入，大約是一分鐘左右，或是看見排骨表面不再有紅紅的血色，就可以撈起沖洗，準備熬高湯。

3 蕃茄去皮技巧

首先在番茄的尾端，用刀子輕輕畫出十字切口，再於蒂頭的部分，沿著蒂頭畫出一個口字形狀。將番茄放進滾水中，當看見切口處的番茄皮有些微翹起，就可以撈起了。然後放入冷水中，讓果肉收縮，番茄皮就可以順利剝除了。

4 不同食材的烹煮時間

扁尖筍冬瓜排骨湯所使用到的食材較多，會需要分批下鍋。兩大原則便是根據食材煮熟所需的時間，以及成就湯底美味的食材先入鍋。

開始料理

材料：

煮湯排骨600公克、冬瓜600公克、番茄2個、扁尖筍1～2球、扁尖筍尖1小把、蔥2支、薑2片。

調味料：

紹興酒或米酒1大匙、鹽適量。

做法：

1. 扁尖筍泡冷水至漲開，剪成4～5公分長，備用。
2. 冬瓜洗淨，切下大塊外皮，冬瓜切厚塊。番茄燙去外皮、切塊。
3. 煮湯排骨投入滾水中，燙煮約1～2分鐘至變色，撈出洗乾淨。
4. 湯鍋中煮滾7～8杯水，放入排骨、扁尖筍、冬瓜皮、蔥段、薑片和酒（包括泡筍的水）煮滾後改小火熬煮1個小時。
5. 加入扁尖筍嫩尖和蕃茄，連同泡筍的水加入同煮，再煮30～40分鐘。
6. 放入切塊番茄煮10分鐘後加入冬瓜同煮，煮至冬瓜透明，試過味道後，再決定使否加鹽，即可。

料理過程中，不要過分依賴食譜，調味的份量都只是參考，最重要的還是要親口嘗一次，才知道調味是否適當。

料理課外活動

海帶絲排骨湯

材料：
海帶絲200公克、白蘿蔔400公克、煮湯排骨400公克、蔥2支、薑2片。

調味料：
酒2大匙、鹽適量。

做法：
1. 排骨投入滾水中燙煮至變色，撈出、洗乾淨。
2. 海帶絲放入冷水中，煮至滾，再煮2～3分鐘，瀝出；白蘿蔔切粗絲。
3. 湯鍋中另外煮滾6～7杯水，放入排骨、蔥段、薑片和酒，煮滾後改小火燉煮，至喜愛的爛度做成排骨湯。約煮1個小時以上。
4. 海帶和白蘿蔔一起放入排骨湯中，燉煮至夠爛，加鹽調味即可。

排骨豆芽湯

材料：
黃豆芽250公克、胡蘿蔔絲適量、凍豆腐1塊、湯排骨450公克、蔥2支、薑2片。

調味料：
酒1大匙、鹽適量。

做法：
1. 煮湯排骨投入滾水中，燙煮至變色，沒有血水，撈出、洗乾淨。
2. 湯鍋中煮滾約6～7杯水，放入排骨、蔥段、薑片和酒，煮滾後改小火燉煮，要燉至少1小時以上，使排骨的味道溶至湯中，做成排骨高湯。
3. 黃豆芽沖洗一下，凍豆腐切塊，放入排骨湯中，煮至豆芽變軟，起鍋前5分鐘，放入胡蘿蔔絲一起煮軟，加鹽調味即可。

經典紅燒家常菜

山藥紅燒肉

課前預習

重點1　滾刀塊該怎麼切

切滾刀塊是中菜常用的刀法，也常用於圓柱形的食材。秘訣就是每斜切一刀，就稍微滾動一下食材後，再切下一刀，食材就會呈現多面的塊狀，開始料理前，可以自己先練習一下。

重點2　了解不同配料的烹煮時間

紅燒肉可以隨著季時令搭配不同的配料，但需要事先了解不同配料的烹煮時間。否則一鍋軟Q美味的豬肉，搭配上根本不熟，或是過熟的配料，也會影響口感。像是山藥、芋頭或馬鈴薯，煮熟後會有糊化現象的食材，可依照個人口感，增加2分鐘左右燜的時間。

重點3　紅燒火侯的控制

需要約1個半小時烹煮的紅燒肉，過程中均以慢火來煮。時間的計算，建議從大火煮滾轉慢火之後開始計時。而這慢火，仍然必須保持湯汁持續滾動的程度，才能將食材煮得入味，可視自家爐火的強度來做調整。

認識食材

1 山藥：

不論是進口的或是台灣產的山藥都擁有豐富的植物性賀爾蒙，對女生非常好。削皮過後的山藥，如果沒有立刻下鍋，或是立刻切塊，可以浸泡在冷水中，這樣山藥就不會因為接觸空氣，而產生褐化的現象。

2 豬肉：

一頭豬隻身上，最適合紅燒的部位，包括五花肉與梅花肉。今天選用梅花肉，因為這部位的肉帶點筋，吃起來非常有口感，也很有彈性，不怕吃肥肉的人，也可以添加一點五花肉。另外，若要使用到不同部位的豬肉，建議在同一個攤位購買，最好都是來自於同一頭豬隻以確保在相同的烹調時間下，才不會有部分肉過熟或不夠熟的情形。

3 可隨個人喜好變化配料：

這道紅燒肉，除了山藥之外，你還可以隨個人或家人的喜愛，更換食材。基本上很多的食材都很適合，包括，菱角、栗子、白蘿蔔、馬鈴薯、芋頭、木耳、海帶等等都可以。不同的食材能提供這道菜不同的風味變化，希望你能多多嘗試。

學習重點

1 蔥、薑如何爆香

蔥、薑爆香，是為了取其香氣，當鍋中加入油後，就可放進蔥、薑拌炒，直到鼻子聞到香味，以及看見蔥段都已經有焦痕，就算是完成了。

2 水量添加訣竅

一鍋紅燒肉所需的水量，大約是蓋過材料的6至7分滿。在拌炒所有材料時，先不要加水，把紹興酒和醬油都煮滾後，再加入水調整湯汁量。

3 依照不同食材，調整下鍋時間

每種材料所需要烹煮的時間都不太相同，有的只需要8分鐘左右，有的需要10分鐘以上，因此更換搭配食材時，記得要調整食材下鍋的時間。原則是從紅燒肉所需1個半小時的料理時間內，往起鍋前推算，就能掌握下鍋時間了。

開始料理

材料：

五花肉或梅花肉800公克、山藥400公克、蔥3支、薑2片、八角1顆。

調味料：

紹興酒1/4杯、醬油1/2杯、冰糖1大匙。

做法：

1. 將豬肉切塊、用熱水汆燙約1分鐘，撈出、沖洗乾淨。
2. 山藥去皮，切成滾刀塊備用。
3. 鍋中燒熱一大匙油、放入蔥段、薑片和八角，炒至香氣透出。
4. 放入豬肉、淋下約3大匙的酒和約4大匙的醬油，再炒至醬油香氣透出後，加入2杯的水。
5. 將所有材料與湯汁移入燉鍋，大火煮滾後改以小火慢燒。
6. 約1個小時20分鐘後，放入山藥，再煮約8～10分鐘，見肉與山藥均已夠軟，如湯汁仍多，開大火收汁，至湯汁濃稠即可關火。

這道紅燒肉料理，如果是使用陶鍋、砂鍋等較厚重的鍋具烹煮的話，可以保留美味湯汁，不讓湯汁在長時間的烹煮過程中流失喔。

料理課外活動

福祿肉（腐乳燒肉）

材料：
五花肉600公克、蔥3支、薑2片、大蒜3粒。

調味料：
紅糟2大匙、紅豆腐乳1快（或白色亦可）、酒2大匙、淡色醬油1大匙、冰糖1½大匙。

做法：
1. 五花肉切成喜愛的大小，用熱水汆燙1分鐘，撈出洗淨。
2. 蔥切段；大蒜拍裂；豆腐乳加約2大匙的腐乳汁，壓碎調勻。
3. 炒鍋中用1大匙油爆香大蒜，再放下蔥、薑炒香，加入紅糟和肉塊一起再炒一下，帶香氣透出後淋下酒、冰糖和水3杯，煮滾後最好移到較厚的砂鍋中燉煮。
4. 燉煮約1小時左右，至喜愛的軟爛程度，關火盛出。

㸆方

材料：
五花肉一長方塊（約700-800公克）、蔥5支、薑2片、八角1粒、青蒜絲少許、青江菜6棵。

調味料：
醬油2/3杯、紹興酒1/4杯、冰糖2～3大匙、水3杯。

做法：
1. 五花肉整塊放入滾水中燙煮1分鐘，取出洗淨。再放入湯鍋中加蔥、薑、八角、酒和水一起煮1個小時。
2. 將五花肉移至蒸碗內（皮面朝下），加入醬油、冰糖和煮肉汁，以鋁箔紙或保鮮膜封口，或蓋上蓋子。上鍋蒸2～3小時以上至肉夠軟爛。
3. 將肉汁倒入湯鍋中，蒸好的五花肉皮面朝上放在盤中。肉汁用大火來熬煮、收乾，邊煮邊攪動，將湯汁收得濃稠又光亮，淋在五花肉上。可撒上少許青蒜絲，並圍上炒過的青江菜上桌。

廣式清蒸活魚風味

廣式清蒸魚

課前預習

重點1 魚的保鮮

從市場買回來的鮮魚，在還沒開始料理前，可以先沖洗乾淨，把不吃的魚鰭修剪掉。再準備一條打濕的紙巾，把魚包覆起來，再放到冰箱冷藏保鮮，可以避免魚皮太過乾燥，影響口感。

重點2 蒸魚的時間與水量

蒸魚的時間，和魚的重量有關。一般來說，10兩（400公克）的魚大約需要蒸8分鐘左右。另外，蒸魚時，一定要等水大滾，充滿蒸氣時再把魚放入，如此一來，魚肉才會滑嫩。

重點3 生、熟食砧板與刀具

這道菜有最後撒在魚肉上的香菜，必須使用熟食的砧板與刀具來切香菜。生食與熟食使用不同的工具，才能確保飲食的衛生。

認識食材

1 活魚／現流魚：

廣式餐館中的清蒸活魚是招牌料理之一，在餐廳多半是以斑類的魚為主，例如：石斑、老鼠斑等等。自己在家裡料理，只需要盡量選用新鮮的魚或現殺的魚就可以了。如果市場上買得到青衣或是黑喉魚，也可以選購，肉質會比斑類鮮嫩一點。

學習重點

1 蒸魚時蔥、薑的搭配

魚入鍋蒸之前，不需要塗抹任何調味料，也不需要醃，直接擺上蔥、薑，就可以蒸了。蔥，放在盤子上墊起整條魚，主要是為了讓水氣均勻的通過，而薑，直接放在魚身上即可，最主要的功能就是去腥。蒸熟後，蔥、薑都要揀去不用。

2 魚身開刀口

如果魚身太厚，可以在入鍋蒸之前，用刀子將比較厚的魚肉部位劃開。建議以和魚身平行的直線畫開，而不是斜切魚身，更能讓魚肉均勻的蒸熟。

3 醬汁調製

在魚即將蒸好的前1分鐘，再開始製作醬汁。可事先用熱水，加入醬油以及糖，再倒入已經爆香蔥絲的鍋中烹煮。待魚蒸熟後，就可直接淋上。

4 魚的熟度判斷

想要知道魚是否蒸熟，可以先觀察魚的眼睛，是否向外突出。或者是拿一根筷子，在魚肉最厚的地方插入。如果拿出筷子時，沒有沾上白白的魚肉，就表示魚已經全熟了。

開始料理

材料：

新鮮魚1條（約400公克）、蔥2支、薑、蔥絲1/2杯、香菜段1杯。

調味料：

醬油4大匙、冰糖2大匙、白胡椒粉少許、熱水3大匙。

做法：

1. 魚清理乾淨，擦乾水分，兩面均勻劃上直刀口；蔥切成長段。
2. 盤子墊上蔥段，放上魚後擺上薑片，入蒸鍋內大火蒸約8分鐘。
3. 取3/4杯的熱水，倒入2大匙醬油，再加入一點糖與些許白胡椒粉調勻。
4. 炒鍋中燒熱2大匙油，放入蔥絲爆香，放入調勻的醬汁，煮滾即關火。
5. 魚熟後端出。倒出蒸魚汁，夾掉蔥段與薑片，淋上煮好的醬汁，放上香菜段，用熱的魚汁往香菜上澆淋數次。

老師的話

魚的醬汁調製，也可以直接把所有材料，熱水、醬油和糖，依序放入爆香蔥絲的鍋子中，直接烹煮。

料理課外活動

豉油皇蒸魚

材料：
新鮮魚1條（約450公克）、蔥2支、薑絲2大匙、蔥絲半杯、香菜段半杯。

調味料：
醬油2大匙、糖1/2茶匙、水4大匙、白胡椒少許。

做法：
1. 魚打理乾淨，擦乾水分。在魚背上肉較厚之處，劃上一道刀口；蔥切成長段。
2. 在蒸盤上墊上蔥段，放上魚後撒上薑絲，入蒸鍋內以大火蒸約10分鐘，至魚熟後端出。倒出蒸魚的汁，夾掉蔥段，在魚身上撒下白胡椒粉。
3. 炒鍋中燒熱2大匙油，倒下調勻的調味料，一滾即關火，放入蔥絲，全部淋在魚身上。

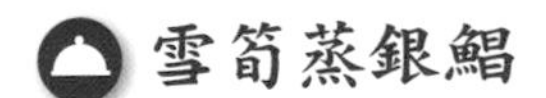

雪筍蒸銀鯧

材料：
材料：鯧魚1條（約450公克）、雪裡紅100公克、肉末約1大匙、筍絲1/2杯、蔥1支、薑2片、紅辣椒絲少許。

調味料：
（1）酒1大匙、鹽1/2茶匙。
（2）淡色醬油1茶匙、糖1/2茶匙、胡椒粉少許、水4大匙。

做法：
1. 鯧魚洗淨，修剪魚鰭和魚尾，並在兩面的魚肉上分別切上刀口，用調味料（1）抹勻，醃約10分鐘。
2. 雪裡紅沖洗乾淨，以免有沙，切碎後擠乾水分。
3. 起油鍋用2大匙油將肉末先炒香，加入筍絲炒勻，再放下雪裡紅炒勻，加入調味料（2），大火炒熟，盛出。
4. 蒸盤上抹少許油，在盤子上放上蔥段，再放上魚，魚身上再放上薑片。
5. 蒸鍋水滾後，放入鯧魚，蒸約5分鐘左右，開鍋把雪菜舖放在魚身上，再續蒸6～7分鐘，以筷子試插入魚肉中，熟了即可關火，撒上紅辣椒絲。
6. 取出魚，換到餐盤中上桌。

方便好做的請客料理
三鮮乾絲

課前預習

重點1 料理前的蝦子清潔

剝殼是首要工作，可以留著漂亮的蝦尾，增加菜色的美觀。至於腸泥，如果你買到的是飼養的蝦子，多半不會有一條黑色的腸泥，那麼就可以免去這項手續。而蝦子表面的黏滑感，則可以用點鹽抓一下，再用水沖洗數次，就可以輕鬆洗去表面黏液，但是要蝦子吃起來脆爽，一定記得要把蝦子擦乾才行。

重點2 香菇泡發的判斷

需要事先泡發的香菇，要使用前，可剪去蒂頭檢查，看看香菇中心是否濕透，沒有乾痕，有的話表示泡發的時間還不夠，相反的，如果沒有乾痕，那麼就表示已經可以下鍋料理了。

重點3 盪鍋

這道三鮮乾絲雖然是水煮類的料理，但是也需要事先炒熟或爆香部分食材，如果使用的是不鏽鋼鍋，建議先燒熱一些油，握住鍋柄以劃圓的方式晃動鍋子，讓熱油輕輕地滑過鍋子表面，然後倒出熱油，重新加入冷油來炒，這樣就不會黏鍋了。

認識食材

1 白沙蝦：

這道菜使用的蝦子，是白沙蝦。因為蝦子身上有一點一點的很像沙子，所以叫做白沙蝦，是目前很廣泛的蝦子品種，並且多半以養殖的方式生產，所以不論是在超市或是各種通路，都可以輕鬆地買到。

2 肉絲的最佳部位：

豬隻身上並不是每個部位都適合處理成肉絲，可以切成肉絲的部位有小里肌或大排肉。另外也建議選擇邊肉（兩層肉）的部位切成的肉絲，在口感上也會比較Q彈。

3 乾絲：

如果擔心自己無法用白色豆乾切出細絲，可以直接在市場購買機器切好的乾絲。而乾絲在製作過程中，多多少少會浸泡小蘇打水，用來軟化乾絲，因此，料理前一定要充份洗淨。

學習重點

1 事先醃製的食材

這道菜中需要事先醃的食材有肉絲和蝦仁。肉絲只需要醬油、水和一點點的太白粉，抓拌一下。蝦仁更簡單，洗淨、吸乾水分後，用一點鹽和太白粉，一樣稍微抓拌即可。醃的過程中靜置在冰箱內保鮮。

2 乾絲的清洗重點

從市場買回來的乾絲，要用清水清洗數次。可在大一點的容器裡淘洗乾絲，當水混濁就倒掉再加入乾淨的清水清洗，直到水再也不混濁，就表示已經清洗乾淨了。

3 蝦仁與肉絲的烹調溫度

在這道菜中的蝦仁與肉絲不只煮熟的時間不同，能夠呈現最佳風味的溫度也大不相同。蝦子在160～170℃的熱油裡，可以炒的又香又有彈性，相對的肉絲就不需要這麼高溫，只需要100度的滾水中燙熟即可。

4 香菇爆香的秘訣

香菇事先爆香，是希望其香氣能散發出來，但是必須注意的是，要用小火爆香，香菇的氣味才會被揮發出來。當鼻子聞到了香菇的香氣，也就表示爆香已經完成，可以開始加入其他的食材了。

開始料理

材料：

乾絲300公克、蝦仁10隻、肉絲80公克、香菇3～4朵、蔥2支。

調味料：

1. 醃蝦用：鹽少許、太白粉少許。
2. 醃肉用：醬油1茶匙、太白粉1茶匙、水1/2茶匙。
3. 醬油1大匙、鹽適量。

做法：

1. 蝦仁和肉絲分別醃好。香菇泡軟，切成絲。蔥切段。
2. 乾絲沖洗一下，瀝乾。
3. 用3大匙油先炒熟蝦仁，撈出。放入蔥段和香菇爆香至蔥段變黃，淋下醬油炒香，加水2杯，適量鹽調味，開中小火，蓋上鍋蓋煮5分鐘。
4. 開大火，放入肉絲，煮至肉絲變色，再加入蝦仁。試一下味道，適當調味即可。

如果要宴請客人，可以事先把乾絲煮好，客人到時再把肉絲和已經炒熟的蝦子放入拌炒。

料理課外活動

雞火煮乾絲

材料：
白豆腐乾300公克、小雞胸1個、火腿1小塊、清湯4杯。

調味料：
鹽1/2茶匙。

做法：
1. 雞胸洗淨，放入鍋中，加水煮20分鐘。取出。待雞肉涼透後，取下雞肉，切成細絲。
2. 火腿蒸熟後亦切成細絲。
3. 豆腐乾切成極細的絲，用開水燙煮一下瀝出。
4. 鍋中放4杯高湯，放下豆腐干絲，用中火煮約3分鐘，並加鹽調味，盛在大碗中，鍋中尚餘1杯高湯。
5. 放下雞絲與火腿絲煮一滾後，全部澆在大碗內的乾絲上即可。

涼拌乾絲

材料：
乾絲300公克、芹菜適量、胡蘿蔔適量、小蘇打粉1茶匙。

調味料：
鹽1/4茶匙、麻油2茶匙、魚露2茶匙。

做法：
1. 乾絲在水中漂洗數次，待水清時瀝乾水分。
2. 芹菜摘好，切成段；胡蘿蔔切絲，抓拌少許的鹽，待胡蘿蔔略微軟化後，擠乾水分。
3. 煮滾6杯水，水中加入小蘇打粉，放下乾絲汆燙約10秒鐘，撈出用冷水沖洗，並以冷開水再沖過，瀝乾水分，並輕輕地加以擠乾。
4. 放下芹菜段也汆燙一下，撈出沖涼。
5. 乾絲和胡蘿蔔絲、芹菜段一起調味即可。

第二堂課

紅燒獅子頭

椒麻雞

寧式炒年糕

碎肉蒸蛋

此生必學經典佳餚
紅燒獅子頭

課前預習

重點1 獅子頭的風味

在揚州，獅子頭是很經典的一道料理，而且家家戶戶都有獨家的烹煮秘方。大致上可以分成兩種，有湯汁較多的清燉口味，也有風味層次豐富的紅燒口味。兩種風味各有所長，今天要示範的則是綜合兩種美味的版本。

重點2 絞肉的肥瘦比例

獅子頭傳統是用手工切前腿肉而製成，同時瘦肉要粗切細斬，肥肉部份要細切粗斬，現在家常來做，為了方便起見，常用絞肉來製作，一般來說肥瘦肉的比例5:5時，吃起來有入口即化的口感。但現代人講究健康，有人亦將肥瘦肉比例調整成4:6。而今天的示範的是在加入米香（爆米花）的配方下，瘦肉占80%，肥肉只需要20%的比例。

重點3 適合的湯鍋

獅子頭需要好幾個小時的燉煮，建議一定要選擇砂鍋，或是比較厚重的燉鍋，才能讓鍋內食材越煮越入味。而且，為了減少翻動不小心碰壞了獅子頭，建議將燉鍋直接端上餐桌，因此有個實用的燉鍋會非常方便。

認識食材

1 絞肉：

最適合做獅子頭的部位，建議是選擇前腿肉。因為烹調前還需要一點剁切的功夫，因為肥瘦肉後續處理方式不太相同，可請肉販將肥、瘦肉分開絞，記得叮嚀不要絞得太細，粗略地絞一下即可。

2 大白菜：

獅子頭搭配的大白菜，在冬天產季時，尤其清甜。除了覆蓋在獅子頭表面之外，也建議在即將起鍋前的半小時到20分鐘，在獅子頭底部，墊入些大白菜，可讓湯頭清甜甘美。

3 米香：

在製作獅子頭的時候，我喜歡放入米香（爆過的白米）取代常有人會使用的豆腐或饅頭，米香烹煮過後會融化，就形成了獅子頭中間的空隙，增加嫩度，也不會像豆腐有生豆味，降低獅子頭本身的肉香。

學習重點

1 蔥薑水

蔥薑水主要的作用是幫助去除豬肉的腥味。先將蔥與薑拍扁，在冷水中泡著，大約3～5分鐘，蔥與薑的味道就會和水結合，做獅子頭不可或缺的蔥薑水，就能輕易完成。

2 獅子頭的製作

由肥瘦肉混合製成的獅子頭，還是要用菜刀將絞肉再剁一下，以產生黏性。還需要經過多次的加水的手續，好在攪拌的過程中，讓肉產生彈性。黏性與彈性都出現後，才能繼續調味。

3 摔打肉的技巧

加入醬油、雞蛋和酒充分調味的絞肉，還要再經過摔打的程序，目的是為了摔打出彈牙的口感，也順便排出空氣。記得摔打時離容器的距離不要太高，免得絞肉飛濺，大概只需要4～5分鐘的摔打即可。

4 完美的煎肉秘訣

先將雙手都沾滿太白粉水，取肉時就不會黏得滿手。下鍋時，從鍋邊輕輕滑下就可以了。要翻面時，也只要將鍋鏟鏟過獅子頭一半以上的面積，用點力道，就可以輕鬆翻面，而不會破壞獅子頭的形狀。

開始料理

材料：

豬前腿絞肉800公、大白菜600公克、蔥4支、薑3片、米香（爆米花）3～4大匙、太白粉1大匙、雞蛋1顆。

調味料：

（1）鹽1/3茶匙、蔥薑水1/2～1杯、酒1大匙、醬油1大匙、蛋1個、太白粉1大匙、胡椒粉少許。

（2）醬油2大匙、鹽1/4茶匙、清湯或水2～3杯。

做法：

1. 蔥2支和薑3片拍碎，在1杯的水中泡3～5分鐘 ，做成蔥薑水。
2. 豬絞肉大略再剁片刻，使肉產生黏性後放入大碗中。
3. 依序將調味料（1）調入肉中，邊加邊摔打，以使肉產生彈性。
4. 將肉料分成4～6份，手上沾太白粉水，將肉做成丸子。鍋中燒熱4大匙油，放入丸子煎至表面焦黃。
5. 加入調味料（2），再蓋上大白菜葉子，先以大火煮滾後改小火，燉煮約1個半小時。
6. 白菜切寬段，用1大匙油炒軟或燙軟後，加入砂鍋中墊底，再煮至白菜夠軟即可。

※ 如用砂鍋，可將2支蔥煎過後墊在砂鍋下，以免沾黏鍋底。

獅子頭的燉煮時間與口感息息相關，想要入口即化，燉煮上3～4個小時就能達到，想要有口感一點的，1～2個小時就可以了，你可以都試做看看，比較喜歡哪種口感。

料理課外活動

野菇燉獅子頭

材料：

前腿豬肉600公克、蒟蒻捲12個、杏鮑菇150公克、蔥2支、薑3片、太白粉1大匙、水2大匙。

調味料：

（1）鹽1/2茶匙、蔥薑水2～3大匙、酒1大匙、醬油1大匙、蛋1個、太白粉1大匙、胡椒粉少許。

（2）鹽1/2茶匙、清湯或水4杯、醬油1大匙

做法：

1. 豬肉絞成粗顆粒，再剁片刻，使肉產生黏性，放入大碗中。
2. 蔥和薑拍碎，泡在1/2杯的水中3～5分鐘，做成蔥薑水。
3. 依序將調味料（1）調入肉中，邊加邊摔打，以使肉產生彈性。
4. 將肉料分成6份，手上沾太白粉水，將肉做成較大的丸子。鍋中燒熱3大匙油，放入丸子煎黃表面，再放入砂鍋中（鍋底墊上煎過的蔥段）。
5. 加進鹽和清湯，大火煮滾後改小火，燉煮約11/2小時，加入蒟蒻捲和切厚片的杏鮑菇，再酌加醬油調色、調味，再煮15～20分鐘至獅子頭夠爛為止。

釀金三角

材料：

絞肉200公克、三角型油豆腐8個、蔥1支（切蔥花）、青江菜6棵、油2大匙。

調味料：

（1）蔥屑1大匙、醬油1大匙、麻油1/2茶匙、太白粉1茶匙、水2大匙。

（2）醬油1大匙、水1杯、糖1/4茶匙、鹽1/4茶匙。

做法：

1. 將絞肉中加蔥花再剁細一點，加入其他的調味料（1）拌勻。
2. 油豆腐剪開一個小刀口，把絞肉餡填塞入其中。
3. 炒鍋中加熱油，把釀肉的一面放入鍋中煎香，撒下蔥花炒香。
4. 加入調味料（2），煮滾後改小火燒約5～6分鐘。
5. 放下摘好的青江菜，再煮2～3分鐘便可關火，盛盤。（喜歡青菜較脆且綠色的話，可以先汆燙一下，漂過冷水再燒）。

自家廚房裡的餐廳菜色
椒麻雞

課前預習

重點1 各種食材的準備

這道椒麻雞，事前的食材準備步驟較多。要把辣椒、蔥等食材切碎，最好有好一點的花椒粉（現磨的最佳），也會需要調製醃料醃雞腿，調配醬汁等等。建議事先把所有食材都準備好，料理過程中也可以更輕鬆。

重點2 冰鎮去除蔬菜生味

在中國菜中，也有不少生食類的配菜 。如果是用蔬菜類來搭配的話，用冰水泡過的方式，可以保持脆度，同時也能去除蔬菜本身的生味。但需要注意，如果是用來墊底的蔬菜，水分必須充分瀝乾、或以紙巾吸乾，才不會影響調味與口感。

重點3 壓刀法切出漂亮長條

剛炸起鍋的雞腿肉，用壓刀法切成長條狀，是最適合的。將刀子放在要切開的地方，用點力氣往下壓即可。不只趁熱切好切，用這個方式，廚房新手也可以解決因為擔心太燙而不敢切的問題。

認識食材

1 雞腿肉：

自己在家料理，可以捨棄雞胸肉，選擇比較好吃的雞腿肉。可以請肉販幫你去骨。其實自己去骨也不太難，沿著骨頭把肉切開，在接近腿骨的部分把關節分開，就可以慢慢地取出骨頭。為了容易炸熟，要把肉比較厚的地方片開。

2 花椒：

花椒香氣十足，是這道菜的靈魂。不過，花椒的香氣很快就會散掉，即便是現磨的花椒粉，放置在玻璃罐內保存，大概兩三個月香氣也會降低。所以建議，要用時再現磨。

3 蜂蜜：

蜂蜜在這道菜的功用，是為了讓雞腿的皮在炸過之後，顏色可以更漂亮，因為並非是調味的功能，所以用量只需要一點點，沒有的話也可以不用。

學習重點

1 醃肉調味

醃肉用的調味料，其實量很少，只需要半顆蛋汁、蜂蜜，些許的鹽和糖，以及一點點去腥用的米酒。重點是要讓雞腿肉每一面都均勻的醃到醃料，由於雞腿肉比較厚，靜置的時間也需要至少15分鐘。

2 炸雞技巧

製作椒麻雞，主角雞腿肉需要經過兩次油炸。第一次以低溫油炸，主要是讓雞肉炸熟，第二次則是需要高溫的油來炸，好讓雞腿的表皮炸出漂亮的咖啡色。實在不喜歡炸的話可以用煎的，只是比較不酥脆。

3 調配夠味的椒麻醬汁

椒麻醬汁是最後淋上的，在加入花椒粉末之前，可以先試試味道。是否甜、酸等各種風味都兼具，最後再加入花椒粉。這款醬汁也可以搭配白煮的五花肉或是烤過的松阪豬肉。

開始料理

材料：

雞腿2支、高麗菜1/4棵、紅辣椒1支、大蒜2粒、香菜1～2支。

調味料：

（1）醃雞肉用：蛋汁1/2大匙、酒1茶匙、糖1/8茶匙、蜂蜜2-3滴、薑汁少許。

（2）醬油2大匙、醋1大匙、檸檬汁1大匙、糖1大匙、鹽少許、花椒粉1/3茶匙、麻油1/2大匙。

做法：

1. 雞腿去骨。斬剁一下，將肉厚處片開。用醃雞肉料拌勻，醃20分鐘。
2. 高麗菜洗淨，切成細絲，用冰水泡10～15分鐘。瀝乾。
3. 蔥切成細蔥末；大蒜磨成泥；紅辣椒去籽，切碎；香菜略切。調味料（2）調勻，放入蔥末和蒜泥。
4. 鍋中將3杯油燒至4～5分熱，用小火慢慢炸至熟，撈出。將油再燒至7至8分熱，放下雞肉大火炸10秒鐘，撈出。切成條，排在高麗菜上。
5. 淋下調味汁，撒下紅椒末和香菜段。上桌後拌勻。

老師的話

若是擔心炸完雞腿肉後剩下的油很難處理，也可以選擇煎熟、烤箱或氣炸鍋來料理，當然香氣會減少一些。

料理課外活動

椒麻肚絲

材料：

豬肚1/2個、新鮮豆包2片、豌豆莢20片、蔥花1大匙、辣椒屑1茶匙。

調味料：

（1）煮豬肚料：蔥2支、薑2片、八角1顆、花椒粒少許、酒1大匙。

（2）滷湯3大匙或淡色醬油2大匙、醋1大匙、糖2茶匙、大蒜泥1/2大匙、花椒粉1/4茶匙、麻油1大匙。

做法：

1. 豬肚先用麵粉和沙拉油搓揉，再用多量的水沖淨，放入滾水中燙煮2分鐘。取出後，剪除內部的油脂，再放入湯鍋中加水8杯，和煮豬肚料，一起煮1個小時。
2. 取出豬肚，分成兩半，一半留待下次用，一半用滷湯滷約30-40分鐘至夠爛，關火浸泡30分鐘。
3. 木耳摘好，豆包切寬條，豌豆莢摘好。小碗中將調味料（2）的椒麻拌料調好。
4. 燒開3-4杯水，加1茶匙鹽和少許油在水中，先放下豌豆莢燙30秒左右，再加入豆包一起燙一下，撈出，盡量瀝乾水分，放入盤中。
5. 豬肚切絲，和蔥花、辣椒屑混合，再拌上調好的椒麻拌料，拌勻後舖放在豆包上。

涼拌茄子

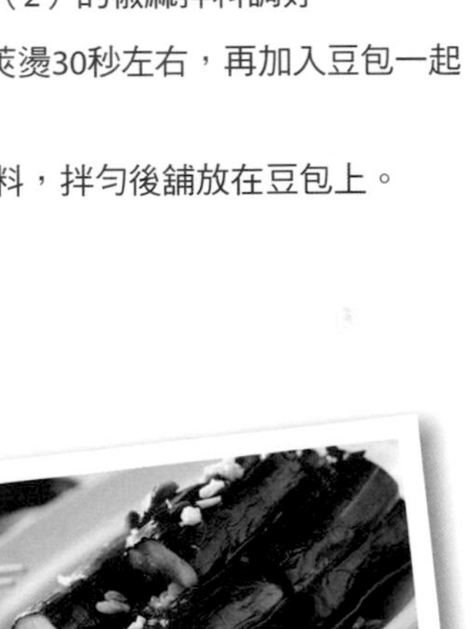

材料：

茄子2條、大蒜2粒、紅辣椒1支。

調味料：

醬油2大匙、麻油1大匙、醋1大匙、糖1茶匙。

做法：

1. 茄子洗淨，切去蒂頭，擦乾水分，放入約8分熱的熱油中，以中小火炸至軟，撈出，立刻泡入冷水中，至完全涼透。
2. 涼後馬上取出茄子，以紙巾略吸乾多餘水分，切成約5公分的段，再撕成兩半或撕成細條，排入盤中。
3. 大蒜拍碎，再剁幾下，紅椒去籽，切小粒，放碗中和調味料混合，淋在茄子上即可。

雪裡紅料理基本菜式
寧式炒年糕

課前預習

重點1 醃菜比較吸油

醃菜本身會比較吸油，因此料理時可以多放點油，在拌炒時如果發現炒鍋中的材料太乾，可以適量的再加一點油，以免影響風味。

重點2 炒肉絲的秘訣

建議用筷子取代鏟子，筷子可以把肉絲快速的播散開，等到肉絲在鍋裡都散開後，再換成鏟子繼續拌炒，炒到9分熟就可以先盛起。

重點3 維持年糕外觀與口感的料理方式

雖說是「炒」年糕，但是實際上是用燜的方法來料理的。因為如果在鍋裡不斷的翻炒，鏟子一定會破壞年糕的外觀，也會影響口感。因此和所有的材料拌勻後，在鍋中加水繼續燜煮。

認識食材

1 寧波式年糕：

寧波年糕是白色長條形的，但是市面上販售的年糕，多半為了料理方便，都已經事先切片、真空包裝的。如果你買的是長條形的寧式年糕，一次煮不完時，記得先切片再放入冷凍庫中保存。

2 小芥菜：

小芥菜屬於芥菜科，本身有一種微苦的味道，但是在做成雪裡紅後，苦的味道就轉變成一種特殊的香氣。

3 綠竹筍：

台灣的綠竹筍不僅好吃，而且產季也非常長，從四、五月一直到十月，之後還有真空包裝的沙拉筍可以使用，非常方便。

學習重點

1 雪裡紅的製作

可以製作雪裡紅的蔬菜，包括，小芥菜、小油菜與蘿蔔嬰都很適合製作。菜不必清洗，直接放在塑膠袋內撒上粗鹽，收捲起來壓一壓、搓一搓，夏天時放在室溫1天，就會變成雪裡紅了。

2 雪裡紅水分的排除

製作好的雪裡紅清洗過後，擠出多餘的水分，讓苦澀的味道降低。記得在切碎之後，下鍋之前，要再擠一次，把澀水完全擠掉。

3 綠竹筍的事先處理

綠竹筍要事先煮熟，而且記得要帶殼煮，這樣才能保住竹筍的甜味。剝殼之後，用菜刀把比較粗的底部和外層修掉，直到竹筍摸起來不刮手即可。

4 醃肉絲原理

醃肉絲的原料其實很簡單，只需要水、醬油以及太白粉就可以了。加水增加肉絲的嫩度，加醬油是增加肉絲的味道，加入太白粉，讓肉外面產生薄膜，吃起來滑嫩順口。有了水、醬油、太白粉，醃上20分鐘以上就能很美味。

開始料理

材料：

肉絲150公克、雪裡紅400公克、筍1支、寧波年糕600公克、蔥花少許、清湯或水2/3杯。

醃肉料：

醬油2茶匙、水1大匙、太白粉2茶匙。

調味料：

鹽、糖各少許。

做法：

1. 肉絲拌上醃肉料，醃10～20分鐘。筍煮熟，去殼切成細絲。
2. 雪裡紅漂洗乾淨，擠乾水分，嫩梗部分切成細屑，尾部較老的葉子部分就不要了。
3. 寧波白年糕切片備用。
4. 肉絲先用3大匙油炒熟、盛出，再放入蔥花和筍絲炒一下，加入雪裡紅並加入清湯，放下年糕片拌炒，加適量鹽調味，蓋上鍋蓋燜煮至年糕軟化、湯汁將收乾時放回肉絲，炒均勻即可盛出。

雪裡紅自己在家裡做，既便宜又安心，非常建議自己動手。

料理課外活動

黃芽白炒年糕

材料：

肉絲100公克、香菇4朵、大白菜300公克、筍1支、寧波年糕500公克、蔥1支。

調味料：

1. 醃肉料：鹽1/2茶匙、水1大匙、太白粉2茶匙。
2. 醬油1/2大匙、鹽1/3茶匙。

做法：

1. 肉拌上醃肉料，醃約10-20分鐘，筍煮熟，去殼切成細絲；蔥切成蔥花。
2. 香菇泡軟，切絲；大白菜切粗絲。
3. 寧波白年糕切片備用，如用已經切成片的，要將黏在一起的分開來。
4. 肉絲先用3大匙油炒熟，盛出。再放入蔥花。香菇絲和筍絲炒至香，加入白菜絲再炒至白菜回軟。
5. 加入清湯、醬油和鹽調味，把年糕片放在菜料上，蓋上鍋蓋燜煮約2～3分鐘。
6. 打開鍋蓋，見年糕已軟化，放下肉絲，輕輕拌炒，把菜料和年糕拌勻，湯汁尚餘少許時，即可盛出裝盤。

雪菜肉末

材料：

絞肉120公克、雪菜（雪裡蕻）450公克、筍1小支、蔥花少許、紅辣椒3支。

調味料：

醬油1大匙、糖2茶匙、鹽少許。

做法：

1. 筍去殼、切成細絲。紅辣椒切小段。
2. 雪里蕻漂洗乾淨，擠乾水分，嫩梗部分切成細屑，老葉部分不用，再擠乾一些。
3. 炒鍋中用1大匙油爆香蔥花，放下筍絲炒至香氣透出，加入水約2/3杯，小火煮約5分鐘，連汁一起盛出(湯汁約有2-3大匙)。
4. 將3大匙油燒熱，放入絞肉炒熟，加入紅辣椒段和雪裡蕻快速拌炒，見雪裡蕻已炒熱，加入醬油和糖再炒，炒勻後放入筍絲(連汁)，已大火繼續拌炒。
5. 炒至湯汁即將收乾，嚐一下味道，再判斷是否需要再加鹽調整味道。

營養滿分老少咸宜
碎肉蒸蛋

課前預習

重點1 水與蛋的比例

一般來說蒸蛋料理中，蛋與水的比例是1：2，也就是1杯的蛋汁，要加2杯的水。但是今天示範的碎肉蒸蛋，加了碎肉，定位在是一道蒸的菜，因此可以減少水量，只用1.5杯的水和蛋汁混合，讓蒸蛋稍微硬一點。

重點2 先把蛋打在另外的碗裡

使用雞蛋前，記得先把蛋打在另外一個碗裡，檢視一下有沒有變質，或是壞掉。直接打在一起，萬一其中有一顆蛋是壞掉的，那就全部都不能再使用了。

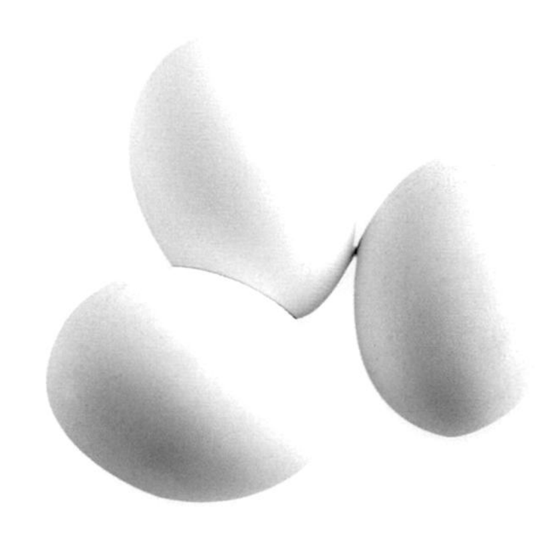

認識食材

1 雞蛋：

雞蛋使用當天買得當然是最新鮮。從外觀上判斷，蛋殼較粗糙的通常是較新鮮的，越光滑的表示放得越久。

2 蔥花：

家裡可以多準備一點蔥，這不僅僅是中菜之中運用最廣泛的辛香料，對於去除雞蛋和絞肉的腥味，都很有幫助，而且還提供了一股香氣。

3 絞肉：

絞肉是非常好用的食材，它可以增加鮮味，如此一來，就不需要再添加人工鮮味，烹調蔬菜或豆腐時，我也常常會加上絞肉去一起燒。如同這道碎肉蒸蛋，絞肉是做為配料，只需要用一般粗細的絞肉就可以了，不需要特地去買絞兩次的細絞肉。選擇前腿肉或後腿肉去絞均可。

學習重點

1 材料攪打順序

碎肉蒸蛋材料簡單，但是順序很重要，一定要在蛋汁和絞肉都充分攪打混合之後，才能加水。才可以避免絞肉攪不散的狀況。

2 蒸蛋的時間

蒸蛋的時間是依照容器的高矮而定。今天示範5顆雞蛋的量，用的是很深的湯碗，不論是用蒸鍋或電鍋，大約都需要蒸25～30分鐘左右。

3 鹹味的創造

做這道蒸蛋鹹味的來源，不能只有鹽而已，利用醬油的香氣可以增加蒸蛋的風味。如果家裡有品質很好的醬油，這時候就可以派上用場了，一定可以讓這道料理有更獨特的風味。

開始料理

材料：

蛋5個、絞肉3大匙、蔥末2大匙。

調味料：

鹽1/3茶匙、醬油1大匙、水1 1/2杯。

做法：

1. 蛋加鹽打散，放在深盤或麵碗中，再加入絞肉、蔥末和醬油拌均勻，最後加入水調勻。
2. 打好的碎肉和蛋放入蒸鍋或電鍋中，以中小火蒸約20～25分鐘，至完全凝固時便可取出上桌。

這道菜做法簡單卻很美味，尤其對小朋友來說，是道既營養又下飯的家常料理。

料理課外活動

茶碗蒸

材料：
蛋4個、清湯或水2杯、雞胸肉80公克、魚板、魚肉、白果隨意、柴魚片各1小撮。

調味料：
（1）鹽2公克。
（2）鹽少許、太白粉少許、水1/2大匙。

做法：
1. 小鍋中將2杯清湯或水煮滾，關火，放入柴魚片浸泡，見柴魚片全部沉入水底即撈棄，過濾湯汁，做成柴魚高湯，放至涼。
2. 雞肉切片，和魚肉一起用調味料（2）抓拌均勻，醃10分鐘。兩種都放入滾水中燙一下即撈出。
3. 蛋加鹽打散，加入2倍量的柴魚高湯調勻，將蛋汁過篩到小茶杯或小碗中，每種材料放1～2個到蛋汁中。
4. 包上保鮮膜，放入電鍋或蒸鍋中，以小火蒸至蛋汁全凝固後取出。

蝦仁豆腐蒸蛋

材料：
蝦仁4～5隻、豆腐1方塊、蛋3個、豌豆片或綠蘆筍少許、清湯1/2杯。

調味料：
鹽1/2茶匙、酒1/2茶匙、白胡椒粉少許。

做法：
1. 蝦仁切成丁·用少許鹽和胡椒粉抓拌一下。豌豆片一切為3小片（用蘆筍則切成丁）。
2. 蛋加調味料一起打散、打勻；豆腐壓成很細的泥，拌入蛋汁中，再加入清湯一起攪勻。
3. 將蝦仁和豌豆片放入蛋中，上蒸鍋蒸至熟（約8～9分鐘）。

第三堂課

蔘杞醉雞捲

雞茸豌豆米

三鮮鍋貼

酸辣湯

迷人的酒香料理

蔘杞醉雞捲

課前預習

重點1 廚房的基本刀具

建議家裡除了平常使用的刀子之外，再準備一把剁刀，處理到帶骨的食材時，會比較方便。另外，廚房專用的剪刀，也可以準備一把。尤其今天示範的料理中，把雞腿肉片薄，剪刀就比刀子好用許多。

重點2 醉雞放置的時間

為了讓酒香徹底入味，放在冰箱的時間越長越好，如果可以的話，放置冰箱裡一個晚上，雞肉收的比較緊，雞皮也更有彈性，風味最佳。不過，如果想要快點上桌讓大家品嘗，至少也要冰個2小時。

重點3 使用塑膠袋泡製

蒸好的雞腿進行浸泡魚露和紹興酒的階段時，必須可以整隻雞腿都浸泡到，如果使用保鮮盒或是其他容器，都必須加很多的酒和魚露，使用塑膠袋，只要將袋口收緊，就可以讓雞腿完全浸泡在湯汁中了。

認識食材

1 半土雞：

半土雞的肉質介於肉雞與土雞之間，適合做成醉雞。要分辨是不是半土雞也非常簡單。只要看雞腿尾端關節的部分，呈現灰色的就是半土雞，肉雞的關節色澤是全白，至於土雞則是顏色更深黑。

2 魚露：

魚露選擇台灣的品牌就可以了，味道非常鮮美。不建議選擇東南亞的泰國式魚露，因為味道會比較腥臭，比較不適合使用在這道料理。

3 黃耆、枸杞：

中藥材可以使用花旗蔘或黃耆和枸杞加入一起浸泡，我選擇了黃耆，它有補氣的效果，而枸杞放在醉雞上一起盛盤，紅色的鮮艷色彩，也更增加菜色的美觀。

學習重點

1 雞腿肉的修整

雞腿肉因為要捲起來，所以需要把比較厚的肉，稍微修整一下。捲起來的時候，會比較好定型。因此，一邊用刀子或剪刀修剪時，可以一邊捲起來檢視一下，哪邊的肉還需要調整。

2 捲起雞腿肉的技巧

把整塊雞腿肉，凹進去的地方朝向自己。可先用雙手把雞腿肉捲起，要包上鋁箔紙時，記得用幾根手指頭固定住捲好的雞腿肉上，再把錫箔紙拉上來包，像是捲壽司一樣把雞腿肉包捲起來。

3 加酒浸泡的時間

蒸好的雞腿肉捲，一定要等完全放涼了才可以加入酒中浸泡。否則只要有熱氣，酒香就會減少。要切盤食用之前，也可以在湯汁中再加點紹興酒，增加香氣和味道。

開始料理

材料：

半土雞腿2支、枸杞子1大匙、黃耆（或西洋蔘）5～6片、鋁箔紙2張。

調味料：

魚露或蝦油7～8大匙、紹興酒3/4杯。

做法：

1. 雞腿剔除大骨，將肉較厚的地方片薄一些，用4大匙魚露和1/4杯水醃泡1～2小時。
2. 把雞腿捲成長條，用鋁箔紙包捲好，兩端扭緊，好像一支糖果。
3. 蒸鍋中水煮滾，把雞腿捲放入蒸鍋內、以中火蒸45～50分鐘，取出。
4. 在一個深盤（或塑膠袋）中，放下3～4大匙魚露、紹興酒和冷開水1杯（包括放涼的蒸雞的汁）調勻，加入枸杞子和黃耆（先用冷開水沖過）。
5. 待雞捲完全涼透後，加入酒中浸泡，再用保鮮膜密封或蓋上蓋子，如用塑膠袋，綁緊即可。放入冰箱中冷藏，2～3小時候便可食用（約可保存3-4天）。
6. 要吃時取出雞腿，切片排盤。

修剪下來的雞腿肉，和雞腿一起浸泡，再放入碗中一起蒸，就成了一道美味的魚露雞。

料理課外活動

醉豬腳

材料：
豬腳尖2支、鹽水白滷湯8杯。（鹽水白滷湯的作法基本上和做醬油滷一樣，但是不放醬油和糖，也不起油鍋爆香，可參考第四堂課中的滷湯製作）

調味料：
紹興酒1杯、鹽水滷湯2杯、冷開水1杯、鹽1茶匙。

做法：
1. 豬腳最好選用皮多、肉少的前半段腳尖部分，剁成塊，放入滾水中燙煮1分鐘，撈出、洗淨。
2. 豬腳放入鹽水白滷中，煮滾後改小火滷1個小時，取出泡入冰水中，浸泡至涼，撈出、瀝乾。
3. 鹽水滷湯放涼，取2杯的量，加酒、冷開水和鹽調勻，放入豬腳，酒汁要全部蓋過豬腳，蓋上蓋子，冷藏6小時以上即可食用。

醉蝦

材料：
活斑節蝦200公克、蔥1支、薑2片、枸杞子1大匙。

調味料：
魚露1大匙、紹興酒1/2大匙、水1杯。

做法：
1. 鍋中煮滾3杯水，水中放蔥1支、薑2片，放入蝦子燙1分鐘至熟後，撈出，泡入冷水中泡涼。
2. 枸杞子用水沖洗一下。
3. 魚露等調味料放入碗中調勻，放下蝦子和枸杞子浸泡30分鐘即可。

※ 魚露和紹興酒的量可以依個人口味增加。

精緻體面的宴客料理
雞茸豌豆米

課前預習

重點1 留意砧板狀況

雞茸的作法是需要用刀子在砧板上刮雞肉，如果是使用太久的木頭砧板，可能會有木屑一起刮下來的問題，擔心的話，可以改用塑膠砧板。

重點2 豌豆米事先汆燙加鹽保翠綠

豌豆米事先汆燙再開始煮，可以讓每一粒豆子的熟成度一致，汆燙過後立刻放入冷水中漂涼，可以阻止餘溫繼續加熱，燙的時候加點鹽，還可以讓豌豆米保持翠綠。

重點3 雞湯或爆鍋都是香氣來源

如果可以事先準備好雞高湯來烹煮，那是最完美的了。沒有也沒關係，可以利用辛香料爆鍋的方式來增加香氣。

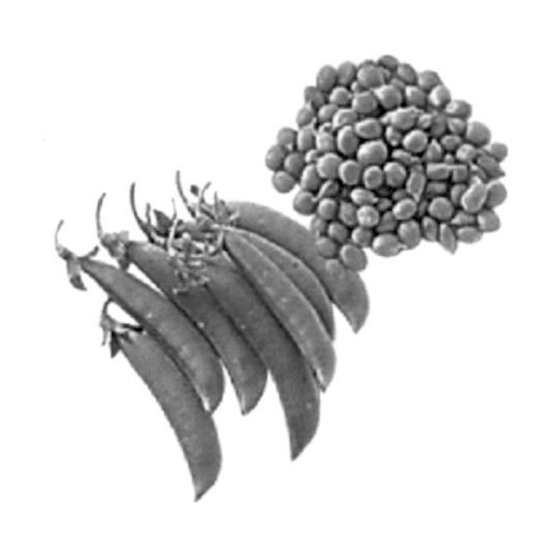

認識食材

1 豌豆米：

豌豆米就是甜豆筴內的豆仁，冬天是盛產季節。如果有時間，可以直接買甜豆筴回家剝，因為1斤的豌豆米，需要大約7～8斤甜豆筴以人工剝出，所以直接買豌豆米，價格會比較貴一點。

2 雞裡脊肉：

這部位的肉就是超市常常會看到好幾條一起販賣的雞柳，吃起來沒有什麼特別味道和口感，但是刮成細末後煮成湯品，反而是道體面的請客菜。

3 熟火腿屑：

在這道菜中，熟火腿屑就是蒸熟後的金華火腿。由於金華火腿蒸過之後，如果放太久了沒用到，就容易變黑，因此一塊火腿買回來之後，要用多少就切多少來蒸即可，其餘的火腿冷凍起來，可保存約半年至一年左右。如果你買的是已經切成片的真空包裝火腿，那麼大概取2～3片的量就足夠了。另外，這道菜所使用的金華火腿，是最後盛盤時撒在羹湯上的，如果沒有，也沒有關係，但是千萬不要用洋火腿來取代，味道並不搭配。

學習重點

1 刮雞茸

一手壓住雞柳肉白色的筋條，刀子以45度角，順著同一個方向刮雞肉。看個人習慣，使用刀尖或刀尾，但是記得要施點力氣，才能順利的刮出雞茸。

2 打蛋白

雞茸必須要調入蛋白，但是不能操之過急，要一顆一顆慢慢攪拌。加入第一顆蛋白時，最難攪勻，可以多用幾隻筷子，把雞茸壓散，讓蛋白攪拌到雞茸中，之後再依序把蛋白一顆一顆的加入即可。

3 勾芡小秘訣

將太白粉水倒入鍋中勾芡時，記得手握住鍋鏟要貼著鍋底，在太白粉水倒入湯中的同時，要同步不斷的攪動湯汁，太白粉水才不會結塊。

開始料理

材料：

豌豆米200公克、雞裡脊肉4條（約150公克）、蛋白4個、熟火腿屑1大匙、清湯2杯。

調味料：

（1）酒1茶匙、鹽1/4茶匙。

（2）玉米粉水1大匙、鹽適量。

做法：

1. 將雞裡脊肉括成細茸泥狀，放進大碗內。
2. 加入調味料（1），然後再加入1個蛋白輕輕拌合，見蛋白完全被吸收後，再加入第二個蛋白，再加以攪拌、吸收，依序將四個蛋白完全拌入雞茸中。
3. 豌豆米在滾水中快速燙一下，撈出沖涼。
4. 鍋中燒熱1大匙油，爆香蔥花，加入清湯煮滾，放下豌豆米，改中火再煮滾，加鹽調味並勾芡。
5. 將雞茸慢慢倒入湯中，邊倒邊快速攪動湯汁，倒完之後推動一下豌豆米即關火，以免雞茸變老。
6. 盛裝至大湯碗內或深底菜盤中，再撒下熟火腿屑即可。

老師的話

平常有空閒時，可以熬好雞高湯保存著，很多料理，加上雞高湯，馬上能提升美味。

料理課外活動

雞茸冬瓜羹

材料：
冬瓜400公克、雞胸肉1片（約150公克）、蛋白4個、雞高湯5杯、熟火腿末少許、蔥1支、薑2片。

調味料：酒1大匙、鹽1茶匙、太白粉水適量。

做法：

1. 冬瓜削皮去籽，切或刨成細絲。
2. 雞胸肉刮散，並仔細剁成細泥，放大碗中，加少許鹽和酒後，將1個蛋白先攪入雞茸中，待完全融合後，再加入第二個蛋白、第三個及第四個蛋白，將雞茸攪拌成均勻的細泥狀。
3. 用1大匙油煎香蔥段薑片，放下冬瓜撕略炒，淋下酒，倒入高湯，燒約3～4分鐘至冬瓜成透明狀。加鹽調味，揀棄蔥薑，再勾薄芡。
4. 把雞茸淋入鍋中，邊淋邊攪動，淋完即熄火。撒下火腿末即可裝碗。

雞茸鮑魚羹

材料：
罐頭鮑魚1/2罐、雞裡脊肉條4～ 5條（約150公克）、蛋白4個、熟火腿屑1大匙、麵粉4大匙、清湯5杯。

調味料：酒1/2大匙、鹽1茶匙。

做法：

1. 雞茸做法參考上面的做法（2）。
2. 鮑魚切成大薄片，罐中之鮑魚湯汁取用約1杯。
3. 鍋中燒熱3大匙油，以小火炒香麵粉，炒至勻滑後，慢慢地倒下清湯及鮑魚湯汁，邊倒邊攪，調拌均勻，不要有小顆粒。
4. 先用大火煮滾，放下鮑魚片，加鹽調味，待再煮滾時，將雞茸慢慢倒入湯中，一邊倒，一邊攪動湯汁，倒完之後即關火，以免雞茸變老。
5. 盛裝至大湯碗內或深底菜盤中，再撒下熟火腿末屑即可。

美味麵點自己來
三鮮鍋貼

課前預習

重點1 燙麵與冷水麵

燙麵是指加入熱水一起拌麵粉和成的麵糰。製作出來的麵皮較軟，適合包煎餃，或是其他需要油煎的麵點。而冷水麵製成的麵皮，例如：水餃皮，則比較適合水煮。不想自己做麵皮，想直接用水餃皮製作煎餃也可以，只是皮會稍微硬一點點。

重點2 醒麵

製作麵糰的重要步驟之一，就是醒麵。蓋上乾淨的濕布或是保鮮膜，是為了防止表面變硬。通常至少需要靜置15～20分鐘。

重點3 擀麵棍

使用擀麵棍其實很簡單，推出去擀麵皮時要施力，把擀麵棍朝自己身體方向滾回的時候，不要使力，另一隻手同時轉動麵皮，就可以擀出漂亮的圓形麵皮了。

認識食材

1 中筋麵粉：

做鍋貼麵皮最適合用中筋麵粉。偶爾會和賣麵粉的老闆問問看有沒有粉心粉，也就是筋度比中筋麵粉再高一點，但是又沒有高筋麵粉那麼高的麵粉。

2 前腿肉：

包鍋貼的絞肉，建議買前腿肉。絞肉買回家時，製作成餡料之前，記得再用刀子來回剁個2～3分鐘，讓絞肉產生黏性後再來拌入其他調味料，可以增加肉餡的口感。

3 高麗菜：

高麗菜在冬天較冷的季節時比較甜，價錢也相對便宜，選購時可以拿在手上感覺一下，一般是較沉重的比較好吃。今天示範的處理方式，和大家比較熟悉的把高麗菜切寬條，再加鹽巴軟化高麗菜後擠去澀水的方式不同。我的方式是將高麗菜用熱水燙軟，再用食物調理機打碎，再擠乾水分。擠出來的水分，還可以打入肉餡內。

4 韭黃：

韭黃清洗乾淨，把不乾淨的硬膜摘除乾淨，將比較硬的頂部切掉一點後，切丁。喜歡韭黃味道重一點的話，可以把韭黃切稍微長段一點點。有了韭黃，餃子內餡也就有了足夠的辛香氣，就不必再放蔥或薑了。

學習重點

1 燙麵的製作

燙麵指的是麵糰製作過程中，先加入熱水燙麵粉，再加入冷水去一起揉成的麵糰。冷水加入的量，得視實際的情形慢慢加入。

2 麵皮的製作

醒好的麵糰，搓揉成長條形，再分成小塊，用手指頭稍微整型後，用手掌先壓扁成一個個的小圓形麵糰，再用擀麵棍擀成圓形餅皮。

3 包鍋貼的方法

將餡料放置在麵皮著中央，將中心點抓住之後，先在一邊的麵皮約1/3處捏合收口，再折合起剩下的麵皮，摺子朝外，另一邊比照辦理，兩邊收口都密合即可。

開始料理

材料：

外皮：麵粉2½杯、開水2/3杯、冷水1/3杯（或900公克水餃皮）。

餡料：絞肉500公克、蝦仁200公克、高麗菜1公斤、韭黃150公克。

調味料：

（1）鹽1/2茶匙、水4～5大匙、醬油1大匙、胡椒粉少許、麻油1大匙、烹調用油2大匙。

（2）鹽1/2茶匙、醬油2大匙、麻油1大匙、烹調用油1～2大匙。

做法：

1. 燙麵和好、醒好。
2. 將絞豬肉再剁一下，放入一個盆中，加1/2茶匙的鹽和水（約1/3杯），順同一個方向攪拌肉料。加入其他的調味料，調拌均勻，放入冰箱中冰1個小時。
3. 蝦仁用約1/2茶匙的鹽抓洗、洗去黏液、再用清水沖洗數次，瀝乾水份並以紙巾擦乾水份，依蝦仁的大小，一切為二或三小塊，拌少許鹽和麻油，也放入冰箱中冰20～30分鐘。
4. 高麗菜先切成大塊，放入滾水中燙至微軟，立即撈出、沖涼、瀝乾水份，剁碎後再加以擠乾水份；韭黃摘好、洗淨，切成小丁。
5. 包之前，將蝦仁和高麗菜拌入絞肉餡中，再加調味料（2）拌勻，最後加入韭黃丁再拌均勻即可。
6. 麵糰揉光後，平均分為40小粒，擀成橢圓形皮子，包入餡料，捏成較長之餃子狀。
7. 先將平底鍋燒熱，淋下2大匙油，待油熱後，將鍋貼排列進去。先用大火煎一下底面（約1分鐘），再加入2/3杯熱水（水中先放1/2茶匙麻油及醋），蓋上鍋蓋，用中火燒煮至鍋中水份完全收乾為止（約3分鐘）。
8. 由鍋邊淋下1大匙油，再煎半分鐘，蓋上一個平底餐盤，先傾斜鍋子，泌出多餘的油，再反轉一下，使鍋貼全部落在盤內即可。

老師的話

想要有更多內餡的變化，可以參考《愛餡》這本書。

料理課外活動

韓式煎餃

材料：

絞肉150公克、洋蔥1/3個、節瓜150公克、冷水麵糰或餃子皮300公克。

冷水麵糰材料：麵粉2杯、水2/3杯、鹽1/4茶匙。

調味料：

（1）鹽1/2茶匙、白芝麻1/3茶匙、麻油少許、黑胡椒少許、水6大匙、沙拉油4大匙。

（2）醬油2大匙、醋2大匙、水2大匙。

做法：

1. 麵粉、鹽和水在大盆中揉成一團，蓋上濕布，醒15分鐘。
2. 節瓜和洋蔥剁碎，拌上少許鹽醃一下，至出水時，擠乾水分。
3. 將絞肉和節瓜、洋蔥即調味料（1）一起拌勻做成餡料。
4. 先將麵糰揉好，分成小塊後，再一個個擀成圓形餃子皮，包入餡料後，將餃子皮和餡對折、捏合接口，再將兩尖角捏合，成一個圓形，全部做好，排入蒸籠中蒸熟，再取出放涼。
5. 平底鍋中放油，排入蒸好的餃子，先煎至底部微黃，再加入1/2杯水，蓋上鍋蓋，煎至水分收乾、內餡已熟透，盛出，附調味料（2）上桌沾食。

豬肉白菜鍋貼

材料：

外皮：麵粉2½杯、開水2/3杯、冷水1/3杯。或水餃皮1斤半。

餡料：絞肉600公克、大白菜1.2公斤、蝦米500公克、蔥2支。

調味料：

鹽1茶匙、麻油1大匙、烹調用油1大匙。

做法：

1. 燙麵和好、醒好。(或買現成的餃子皮)
2. 將絞肉依照上面的調拌方法做好，放入冰箱中冰30分鐘以上。
3. 大白菜切成小丁，放入大盆中，撒下約1茶匙左右的鹽，抓拌一下，放置15-20分鐘左右，待白菜變軟、出水，用力擠乾水分。
4. 蝦米泡軟，摘去硬殼，剁碎；蔥切成細末。
5. 豬肉餡中加入大白菜、蝦米、蔥花，再加入兩種油，調拌均勻即成餃子餡。
6. 麵糰揉光後，平均分為40小粒，擀成橢圓形皮子，包入餡料，捏成較長的餃子狀。
7. 按照三鮮鍋貼的做法，將鍋貼煎好即可。

最正統酸辣配方湯頭

酸辣湯

課前預習

重點1　正統的酸辣湯

正宗的酸辣湯，湯中有所謂的黑白豆腐，也就是鴨血和豆腐，以及筍絲。市面上有些餐館賣的酸辣湯，用木耳取代鴨血，主要是因應有些人不敢吃鴨血的緣故。酸辣湯的辣主要是來自於胡椒粉的辣而非辣椒。

重點2　酸辣湯使用的太白粉水比例

酸辣湯需要的羹湯口感來自於太白粉水，我建議使用太白粉與水1:1的比例下去調製。倒入太白粉水的時候，記得同時不停地攪動湯汁，一邊看稠度也可同時避免太白粉水結塊。

重點3　食材的刀工與口感息息相關

酸辣湯這道食材豐富的羹湯，在事先處理食材的時候，都盡量切細一點，尤其是豆腐和鴨血，建議都先片薄一點，再仔細地切成細絲，更能和羹湯的口感相互搭配呢！

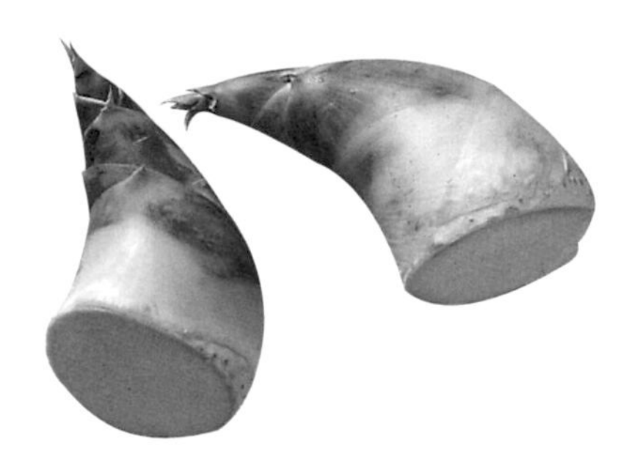

認識食材

1 鴨血：

傳統市場可以買到一整塊的鴨血。在切成細絲後，記得用濾盆多漂洗幾次，洗掉血渣與味道。千萬要記得，一旦切好鴨血，就要馬上下鍋煮（或泡入水中），以免影響鴨血的嫩度。

2 竹筍：

竹筍要用生的或是先煮熟的都可以，不是產季時，選擇真空包裝的沙拉筍也很方便。將筍子切成絲的時候，記得順著筍子的紋路切直絲，筍絲比較脆。

3 豆腐：

傳統的酸辣湯會選用嫩的板豆腐，使用盒裝豆腐的話，則是會更加滑嫩，因此現在許多店家都改用盒裝豆腐，如果你想用板豆腐試試看，可以把板豆腐較硬的邊修掉一些，再入鍋一起煮。

學習重點

1 酸辣湯的定色

酸辣湯的湯色，來自於醬油，醬油在這裡主要的作用是定色，並不是用來調味，因此只要稍微加一點，讓酸辣湯成為茶色即可，鹹度主要是來自於鹽。

2 勾芡與蛋花的順序

遇到有蛋花又有勾芡需求的湯料理，只要記住一個原則，就是蛋花永遠在勾芡之後加入就可以了。這樣就能擁有漂亮的蛋花，以及濃稠度剛好的羹湯。

3 辛香料的美味升級方法

酸辣湯裡的各種調味佐料，包括黑胡椒粉、鎮江醋、麻油，甚至是蔥花等等，都需要全部放置在湯碗裡，等待湯一煮好，把熱騰騰的湯倒進湯碗裡時，熱氣可以把這些辛香調味料的香氣都帶出來，更加美味。

開始料理

材料：

豬肉絲100公克、豆腐1方塊、鴨血1塊、筍1支、蛋1個、清湯5杯。

調味料：

醬油2大匙、鹽適量、太白粉水4大匙、胡椒粉1茶匙、鎮江醋2大匙、麻油1/2大匙、蔥花1大匙。

做法：

1. 豬肉絲用少許醬油、太白粉水和水拌勻，醃約20分鐘。筍子切成細絲。
2. 豆腐和鴨血分別切絲，鴨血要多漂洗幾次，蛋打散備用。
3. 清湯放在鍋內，加筍絲一起燒開，煮3～5分鐘，加入豆腐和鴨血絲煮一滾，加醬油和鹽調味。
4. 再煮滾後再加入肉絲，並用太白粉勾芡，淋下蛋汁，輕輕攪動形成蛋花。
5. 大湯碗中放鎮江醋、胡椒粉、麻油和蔥花，倒下酸辣湯，攪動一下即可上桌，吃時再依個人喜好添加胡椒粉和醋。

酸辣湯的鴨血、豆腐和筍絲，都是很耐煮的食材，可以先煮好，要吃之前再加熱、放入肉絲，勾芡後打下蛋花。

料理課外活動

酸辣河粉

材料：

河粉2張、絞肉120公克、香菇2朵、熟筍1支、熟胡蘿蔔絲1/2杯、青江菜4支、薑末1茶匙、蔥粒1大匙、芹菜屑1大匙。

調味料：

辣豆瓣醬1/2大匙、酒1/2大匙、醬油2大匙、水3杯、糖1/4茶匙、鹽1/4茶匙、太白粉水1大匙、醋2大匙、胡椒粉1/2茶匙。

做法：

1. 香菇泡軟、切絲；煮熟支筍子和胡蘿蔔分別切成絲。
2. 青江菜打斜切條；河粉切成寬條。
3. 燒熱2大匙油，爆炒薑末、絞肉和香菇絲和辣豆瓣醬，淋下酒及醬油，注入水煮滾。
4. 放進筍絲、胡蘿蔔絲和青江菜，加鹽調味後，放下河粉一滾即勾芡。
5. 關火後淋下醋和胡椒粉，再撒下蔥粒及芹菜屑，快速拌合即可裝碗。

酸辣湯羹麵

材料：

絞肉200公克、胡蘿蔔100公克、金針菇1/2把、水發木耳60公克、豆腐1/2塊、清湯或水6杯、細麵400公克、芹菜末2大匙、香菜段適量。

調味料：

（1）水2大匙、太白粉1茶匙。

（2）酒1大匙、醬油2大匙、鹽1/2茶匙、太白粉水2½大匙、醋3大匙、白胡椒粉1/2 茶匙、麻油1茶匙。

做法：

1. 絞肉中加調味料（1）攪拌均勻；胡蘿蔔切成絲；木耳洗淨、切絲；豆腐切條；金針 菇去根、切段。
2. 燒熱3大匙油將絞肉炒熟，再加入胡蘿蔔、金針菇和木耳炒勻，淋酒和醬油，再 注入清湯，煮滾後改小火煮2分鐘，加鹽調味，勾芡後關火，再加入醋、胡椒粉及 麻油。
3. 細麵煮熟裝碗，澆下適量的酸辣澆頭，撒下芹菜末和香菜即可。

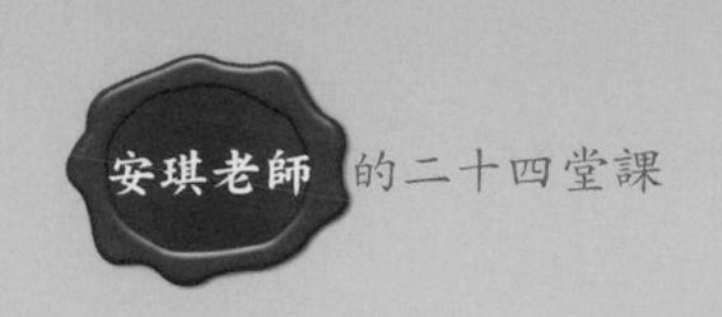

第四堂課

基本滷味：滷牛腱與豆乾

滷味應用：牛肉捲餅與蔥爆牛腱

乾煸四季豆

醃篤鮮

私房滷包獨家傳授
滷味：牛腱與豆乾

課前預習

重點1 傳統的滷味

現在年輕人喜歡吃的滷味，是在熱湯裡燙過的，但是今天介紹的是比較傳統的醬油滷，也就是把滷好的材料切好、盛盤上桌的。

重點2 私房十三香滷包

滷包，可以直接買外面現成的，也可以自己製作。今天要教大家的滷包，是我自己的家傳滷包配方，因為有13種材料，不少學生就取了個暱稱叫做 「十三香」。大家可以參照食材表，自行製作。你也可以自行調配辛香料的比例，創造出自家的獨特滷包。這一個滷包，可以使用大概3次左右，第一次使用後，可以把湯汁滴乾，放在冷凍庫裡保存即可。

重點3 煮的時間與浸泡的時間同樣重要

做滷味時，滷的時間長，可以讓食材軟化，但是浸泡的時間也非常重要，可以使食材入味。尤其是像牛腱這樣大體積，比較難入味的食材，就需要靠浸泡來使它入味。雞腿大概也需要滷30分鐘，浸泡2個鐘頭，所以浸泡的時間不可輕忽。

認識食材

1 牛腱：

進口的牛腱會比台灣牛腱便宜，不過台灣的牛腱的確是好吃很多，尤其是花腱。國外的牛腱中，澳洲的牛腱筋比較不夠多，建議可以選擇加拿大或美國的牛腱，會好吃一點。可以修剪一下外表的肥油，記得先汆燙一下，滷湯會比較清爽。

2 豆乾：

最好是到傳統市場看看有沒有白豆乾，也就是原味豆乾，沒有的話，五香豆乾也可以替代使用。滷豆乾時放入滷湯中，記得先用大火煮10分鐘，讓豆乾膨脹起來，內部會產生孔洞，再關小火滷煮、浸泡，就會非常入味。

學習重點

1 滷湯製作

用蔥、薑、大蒜、紅蔥頭等新鮮辛香料，以小火爆鍋逼出香氣，再加酒、醬油、冰糖、鹽、水等調味。滷牛腱時，可再增加有去腥功能的辣椒，加上五香包的13種中藥辛香材料，將近20種的材料，可以提供滷湯很好的香氣。

2 滷豆乾的時間

大火滷了10分鐘之後，觀察豆乾是否膨脹。之後就可以轉小火，也只需要再滷個10分鐘，就可以關火浸泡。如果喜歡味道重一點的豆乾，可以繼續在滷汁中小火滷半小時。

開始料理

材料：

進口牛腱2條、豆腐乾10塊。

辛香料：

大蒜4～5粒、蔥2支、薑3～4片、紅蔥頭4～5粒、紅辣椒2支。

五香包：

八角2顆、花椒1大匙、桂皮（3公分長）2片、丁香7～8粒、沙薑2-3片、小茴1/2大匙、草果1-2顆、陳皮1片（2公分直徑）、荳蔻8粒、甘草2～3片、月桂葉2～3片、白胡椒粒2茶匙、黑胡椒粒1茶匙。

※ 五香包要包的鬆一點，使五香料有膨脹的空間。

調味料：

米酒1杯或紹興酒1/2杯、、醬油2杯、高湯（或水）10杯、冰糖1大匙、鹽1/2茶匙。

做法：

1. 鍋中加熱油2大匙，爆香蒜、薑片、紅蔥頭和蔥段，淋下酒和醬油炒煮一下，放入五香包、高湯、冰糖、鹽和紅辣椒1支，大火煮滾，改小火煮20分鐘。做成滷湯。
2. 用叉子在牛腱上叉幾下，用活水沖泡5分鐘去腥（或者汆燙2分鐘），瀝乾。
3. 把牛腱放入滷湯中，先用大火煮滾，再改為小火，蓋上鍋蓋滷煮約50分鐘。
4. 關火，讓牛腱燜在滷湯中，約4～6小時，待滷湯涼後即可取出，切片裝盤。

※ 豆乾先大火滷10分鐘，膨脹後小火煮10～15分鐘，關火浸泡1小時。

老師的話

《百變滷味》一書中，有關滷雞肉類、豬肉類、牛肉類及素料的不同滷法及吃法，大家可以參考一下。

料理課外活動

滷牛筋

材料：
牛筋2條（約800公克）。

煮牛筋料：
蔥1支、薑3片、八角1顆、酒2大匙、水8杯。

調味料：
滷湯8杯。

做法：
1. 把老滷湯煮滾，添加調味料或五香滷包調好味道。
2. 牛筋洗淨，先用水燙煮5分鐘，如果太長時，可以切成兩段再煮，撈出後用剪刀剪除多餘的油脂。
3. 把牛筋加入煮滾的煮牛筋料中，煮1個半小時。
4. 加入滷湯中，繼續煮滷1小時半，至牛筋已爛，關火，再燜約1小時，即可切片上桌。

滷花枝

材料：
墨魚（花枝）2條（約600公克）。

調味料：
滷湯4杯。

做法：
1. 取做好的滷湯4杯，或者取2杯老滷湯加入2杯水煮滾。添加糖、鹽和酒調整味道，再加入薑1小塊和紅辣椒1支，花枝滷湯顏色不要太深。
2. 墨魚剖開，取出腹腔內的軟骨和墨囊，洗淨，放入8分熱的水中，小火煮到水快開時即撈出，去除腥味。
3. 放入滷湯中，以小火滷10分鐘即可關火，再浸泡10分鐘，取出切片。
4. 滷湯以大火收濃一些，淋在墨魚上。

變化多端的滷味

滷味應用：牛肉捲餅、蔥爆牛腱

課前預習

重點1 牛腱盡量切薄

不論是做何種料理變化，因為牛腱帶筋，還是建議切薄一點，比較好咀嚼。

重點2 製作捲餅時用黃瓜取代大蔥

市面上餐廳多用蔥段來做牛肉捲餅，不過有時候太過辛辣，或是咬不斷，因此自己在家裡做的話，建議用黃瓜絲或蔥絲來取代。

認識食材

1 蛋餅皮：

超市和傳統市場的蛋餅皮都可以使用，基本上薄一點的餅皮比較理想。用少許油將蛋餅皮煎到有點焦香，邊緣開始翹起來，就表示可以翻面，要煎到兩面都有點焦痕就可以了。

2 滷牛腱：

滷牛腱因為需要較長的時間去烹煮，因此建議一次多滷一、兩個，冷凍保存。但是冷凍過後，會有冷凍的味道，因此我們將它再利用時最好是先炒過，使它回軟一些。如果滷好的食材，幾天內就會食用或是再利用，可以放在冷藏室中，保存得好的話，可以存放到5～7天，料理前切片後室溫中回溫，或再蒸過就可以了。

學習重點

1 牛肉捲餅的醬汁調配

牛肉捲餅的醬，用的是調味過的甜麵醬，和吃烤鴨時的醬相同。甜麵醬加點白糖、麻油和水一起去炒。醬料通常炒過之後會更香，因此，加入的水是為了讓醬汁方便炒動。炒時不要用大火，要小火慢炒，以免有焦苦的味道。

2 爆炒牛腱更香的方法

將滷湯取一點出來，一起加入爆炒的牛腱中，滷湯的香氣會讓這道菜的香味更上一層樓。沒有滷湯時，可以用醬油加水和一點糖代替。

開始料理

牛肉捲餅

材料：

滷牛腱1個、蛋餅或薄蔥油餅4張、黃瓜1支。

調味料：

甜麵醬3大匙、水2大匙、糖2大匙。

做法：

1. 滷牛腱切薄片；小黃瓜切絲。
2. 甜麵醬調味料先調勻，再用2大匙油（麻油和油各1大匙）炒香，盛出。
3. 平底鍋中塗少許油，把蛋餅皮煎熟，盛出。
4. 蛋餅上塗一層甜麵醬，放上滷牛腱和黃瓜絲，捲起後切成段即可。

蔥爆牛腱

材料：

滷牛腱1個、滷豆乾5片（或一般豆乾）、大蒜2粒、蔥5支、香菜段。

調味料：

（1）滷湯2大匙、水2大匙。
（2）鎮江醋1茶匙、胡椒粉少許、麻油1/2茶匙。

做法：

1. 滷牛腱切薄片；豆乾也切片；大蒜切片；蔥切斜絲。
2. 用2大匙油爆香大蒜片和一半量之蔥絲，放入豆乾和牛腱肉，炒數下後淋下調味料（1），拌炒均勻。
3. 加入另一半蔥絲，沿鍋邊淋下醋烹香，加入胡椒粉和麻油，再拌炒均勻。

老師的話

冬天的時候，芹菜是產季，你也可以加點芹菜一起來做蔥爆牛腱。
喜歡洋蔥的話，也可以用洋蔥代替黃瓜，捲入牛肉捲餅中。

料理課外活動

滷肉絲拉皮

材料：

滷豬肉1塊、小黃瓜2條、新鮮粉皮1張、蔥1支。

調味料：

芥末醬1/2大匙、芝麻醬1/2大匙、冷開水2大匙、滷湯1大匙、醋1/2大匙、麻油1茶匙、鹽少許。

做法：

1. 滷豬肉切細絲；黃瓜切絲，放在盤子上；蔥切細絲。
2. 粉皮切成約1.5公分的寬條，用冷開水沖洗一下，瀝乾，堆放在黃瓜上將肉絲和蔥絲放在粉皮上面。芝麻醬用冷開水調開，再和其他的調味料一起調勻，淋在肉絲和粉皮上，臨食之前拌勻。

貴妃筋肉煲

材料：

滷牛筋1條、滷牛腱1個、筍1支、胡蘿蔔1支、洋蔥1/2個、青蒜1/3支。

調味料：

糖1大匙、滷湯1/2杯、醬油1大匙、水1杯。

做法：

1. 滷牛筋切成長條塊；滷牛腱也切塊；筍子切厚片；胡蘿蔔和洋蔥切塊；青蒜切絲。
2. 鍋中用1大匙油把糖炒溶化，加入滷湯、醬油和水，再把牛筋、牛腱、筍子、洋蔥和胡蘿蔔放入，大火煮滾後改以小火再煮15分鐘（胡蘿蔔可以晚一點再放）。
3. 倒入砂鍋中，開大火收濃湯汁，或以太白粉水略勾芡，撒下青蒜絲，關火上桌。

一吃上癮的乾煸料理

乾煸四季豆

課前預習

重點1 食材的用量

這道菜使用到榨菜和蝦米，都是本身就具有鹹味的食材，因此用量不必太多，提鮮、提味即可，如果用量稍多，就得注意減少調味料中鹽的量。

重點2 乾煸料理

乾煸料理，指的就是食材在炒鍋中長時間翻炒，炒乾食材的水分，同時能充分吸收鍋氣的一種料理方法。乾煸過的食材，有一股焦香的鍋氣，讓人越吃越上癮。而這道乾煸四季豆，更適合放涼後吃。

重點3 可在廚房準備油罐子

炸過的油，其實是可以重複使用的，可以準備一個罐子專門放置炸過的油，儲存使用過的炸油，當然，如果炸過味道比較重的食材的油，例如：臭豆腐或魚類，那就不好重複使用了。

認識食材

1 四季豆：

判斷四季豆是不是新鮮，可看看四季豆的表面有沒有裡面的豆子已經突起的跡象。有一個品種的四季豆，豆子本身的肉較厚且嫩，也比較不需要摘除豆子的纖維，只需要將頭尾切除即可。

2 蝦米：

蝦米漂洗後，可用冷水泡著。要開始料理前，記得把蝦米身上粗硬的部分摘除，也就是蝦腳的部分，如此處理過的蝦米，吃起來就不會有硬硬扎扎蝦殼礙口的口感。

3 榨菜：

從市場買回來的一整顆的榨菜，要用多少切多少，再進行清洗。千萬不要整顆清洗，殘留在榨菜上的水分會讓榨菜有變酸的可能。

學習重點

1 油炸四季豆

油炸的目的是要把四季豆炸至脫水，因此油溫要非常熱，大約9分熱。記得也把四季豆表面的水分盡量擦乾，減少油爆。不想使用太多油，可以分批油炸。油炸的好處是可以大幅減少乾煸的時間。

2 乾煸

四季豆炸過之後，把它放在倒出油後的炒鍋中，不需要一直翻動它，讓接觸鍋子的部分產生焦痕後再開始翻動。翻炒一下，讓大部分的四季豆都有斑駁的焦痕後，再盛出來。

3 加水的作用

加水的目的，是為了藉助水氣，使鍋中不同材料的味道釋出，鮮味和香氣都能融合在一起。所以，炒菜的時候，可以多多少少加一點水。

開始料理

材料：

四季豆600公克、絞肉2大匙、蝦米1大匙、榨菜末1大匙、蔥花2大匙、薑末1茶匙。

調味料：

醬油1大匙、糖1/2茶匙、鹽適量、水5大匙、醋1/2大匙、麻油1茶匙。

做法：

1. 四季豆摘好，洗淨瀝乾。
2. 蝦米泡軟摘去頭、腳的蝦殼，剁碎。
3. 鍋中燒熱油，放入四季豆炸至脫水微起皺，撈出瀝乾。油倒出，四季豆放回鍋中，小火煸黃外表，盛出。
4. 燒熱1大匙油，放入絞肉和薑末炒香，再放蝦米和榨菜同炒，加入醬油、糖、鹽和水，並將四季豆放入同炒至湯汁收乾。
5. 沿鍋邊淋下醋並滴下麻油，灑下蔥花，略為拌合即可盛出。

老師的話

這道菜去掉絞肉、蝦米和蔥花的話就是一道很美味的素菜。

料理課外活動

乾煸鮮筍

材料：
新鮮綠竹筍2支、薑末1茶匙、香菇末1茶匙、蔥花1大匙。

調味料：
甜麵醬1/2大匙、淡色醬油1大匙、黃糖1/3大匙、麻油少許。

做法：
1. 鮮筍切直條，用4大匙油慢慢煸熟，至微焦黃狀時，先盛出待用。
2. 另用1大匙油爆炒薑末、香菇末和調味料後；將筍子回鍋炒勻，撒下蔥花、麻油，再拌炒均勻即可。

乾煸牛肉絲

材料：
牛肉（腿肉）600公克、芹菜150公克、胡蘿蔔1/2支、紅辣椒3支。

調味料：
（1）醬油2大匙、酒1大匙、糖1茶匙、薑汁1茶匙。
（2）辣椒醬1/2大匙、鹽1/4茶匙、麻油1/2茶匙、花椒粉1/2茶匙。

做法：
1. 將牛肉先切成1公分的厚片，再順紋切成粗絲條，全部切好後裝入碗內，加調味料（1）拌勻，醃1個小時左右。
2. 芹菜去根並摘去葉子，切成約3公分的小段。
3. 胡蘿蔔去皮切成細絲（約3公分長）；紅辣椒先除籽，也切成細絲。
4. 炒鍋內燒熱4大匙油，倒下全部已醃過的牛肉絲，用大火拌炒，見牛肉滲出湯汁時仍繼續用大火煸炒，約5分鐘後，改為中小火繼續炒，直到牛肉絲變褐黃且乾硬為止（約需12分鐘）盛出。
5. 另起鍋燒熱2大匙油，先爆紅辣椒絲以及胡蘿蔔絲，再加入芹菜同炒，並放辣椒醬及鹽調味，隨即將牛肉絲倒回鍋中，淋下麻油後裝盤，再撒下花椒粉即可。

上海人家的鮮美湯品
醃篤鮮

課前預習

重點1 上海人的醃篤鮮

這道湯品是很道地的上海菜，更是許多上海菜餐廳不可缺少的一道料理。所謂醃篤鮮，就是拿醃肉來燉鮮肉，醃肉就是火腿，鮮肉就是新鮮的豬肉。其乳白色的湯頭，有著經典的火腿鹹香，百頁結的不同口感。宴客或是家族聚餐時，很適合上桌。

重點2 食材燉煮時間的拿捏

醃篤鮮總共需要2個小時的烹煮，但是各種食材最適合的烹煮時間不同，百頁結只需要幾分鐘的時間就可以煮好。一開始就放進鍋裡煮的五花肉、豬骨和火腿，也得在烹煮一個小時後取出豬肉、一個半小時後取出火腿、續煮豬骨，在即將完成時，再重新加入。把握每一種食材最適合的時間，才能讓每個食材都有最適當的口感與嚼勁。

重點3 青蒜添加與否可自行決定

青蒜絲要不要上桌前加到湯裡，可視個人口味的偏好來決定。青蒜切絲也很簡單，先將青蒜對剖，再斜刀來切，就可以輕鬆切出細絲了。

認識食材

1 金華火腿：

現在火腿多半用真空包裝，因此購買火腿時，可用眼睛看看肥肉的部分是不是白色，如果有點黃，那就表示已經放置一段時間了。買回家後，在骨頭的骨髓部分，也可以用筷子叉一下，聞聞看有沒有油蒿味，沒有油味的就表示非常新鮮。整隻火腿之中最美味的部分，就是大約在下半部的火膧部位，帶筋與油花的肉，非常鹹香有口感。

2 百頁結：

不建議買現成的機器百頁結，因為機器百頁結怎麼煮都無法煮透入味。可以在素料攤位上買整疊的百頁回家，自己打結、泡發。

3 竹筍：

冬筍、桂竹筍和綠竹筍都很適合搭配在醃篤鮮裡。挑選綠竹筍時，記得買彎彎的，筍肉才夠厚，要把粗硬的底部切除，以免影響口感。

學習重點

1 百頁結DIY

買回來的整疊百頁，可以先對切之後，在煮滾的小蘇打水裡（關火後）快速的泡一下，撈起來後快速沖一下水，再將百頁對折兩次後，簡單的打個結，再浸泡在熱的小蘇打水裡，切記不可用煮的，以免百頁糊化了。浸泡過小蘇打水的百頁結軟化後要用清水浸泡一下，以去掉百頁結的蘇打味道。

2 撈油

煮的時候，可以將湯裡面的浮油撈掉，也因為有了火腿，因此浮油看起來黃黃的，要撈乾淨才好。

3 最後3分鐘的調味與烹煮

此時，可將切好的五花肉、火腿肉，重新加回湯鍋中。也可以加入不需要長時間煮的百頁結和已經燙過、漂涼的青江菜。材料全部加入後，如果還有些許浮油，可再視情況撈出來。因為火腿有鹹味，最後要試一下，酌量加鹽調味。

開始料理

材料：

火腿300公克、五花肉400公克、豬骨400公克、筍2支，百頁1疊、青江菜6棵、蔥2支、青蒜1/2支、小蘇打粉1/2～2/3茶匙。

調味料：

（1）蔥1支、薑3片、酒2大匙。

（2）酒2大匙、鹽適量調味。

做法：

1. 豬骨燙水、洗淨後，放入10杯水中，加調味料（1），煮約2個小時做成高湯。撈除骨頭，高湯備用。
2. 火腿和五花肉均燙過，火腿撈出後要刷洗乾淨。兩種肉一起放入高湯中，加蔥1支、薑2片、酒1～2大匙，一起再煮。
3. 煮1小時時先撈出五花肉，加入筍塊，再煮30分鐘後，撈出火腿（如果不吃火腿肉，可以不撈火腿，再多燉30～40分鐘），略涼後將五花肉和火腿分別切成塊。
4. 百頁一張切為兩張，每半張捲起、打結。6杯水煮滾、關火，水中加入小蘇打粉，並放下百頁結，浸泡約30～40分鐘至百頁結變軟。撈出、多沖幾次冷水。
5. 放入百頁結和兩種肉，再煮5～10分鐘。
6. 青江菜燙過後沖涼，最後放入鍋中煮1分鐘。試一下味道，看是否需要略加鹽調味，起鍋前撒下青蒜絲，上桌。

老師的話

要準備做這道料理時，記得先從需要長時間煮的湯開始進行，更能得心應手。因為煮豬高湯要2小時以上，因此可以和五花肉及火腿同煮，再分別取出兩者。

料理課外活動

火腫燉雞湯

材料：
土雞1隻、小蹄膀1個、金華火腿（火腫）1塊、干貝3～4粒、大白菜600公克、蔥2支、薑3片。

調味料：
紹興酒2大匙、鹽適量。

做法：
1. 燒滾一鍋開水，放下雞和蹄膀燙煮1～2分鐘，取出，洗淨。
2. 火腿用熱水燙2分鐘，取出刷洗乾淨，要仔細削除黃色油脂或暗紅色的部分，以免有油蒿味。
3. 大白菜洗淨切長段；干貝沖洗一下。
4. 大砂鍋中煮滾10杯水，鍋底墊上2片大白菜或墊竹片子（以防黏鍋底），再將火腿、土雞、干貝和蹄膀放入鍋中，再放入蔥段和薑片，淋下酒，蓋好鍋蓋，以大火煮開，改小火燉煮2～2.5小時。
5. 大白菜燙過後放入砂鍋中（盡量放在下面），再燉15～20分鐘左右。嚐味道後酌量加鹽調味。

兩筋一湯

材料：
絞肉300公克、豆腐衣3張、大油麵筋10個、雞架子1個、蔥3支、薑1片。

調味料：
（1）淡色醬油1/2大匙、鹽1/4茶匙、麻油1茶匙、胡椒粉少許。
（2）鹽適量。

做法：
1. 絞肉中加入蔥屑1大匙和調味料（1）拌均勻。火腿整塊蒸熟後放涼，切成薄片。
2. 雞架子燙過、洗淨。湯鍋中煮滾8杯水，放入雞架子、蔥和薑，用小火煮1小時以上，做成高湯，撈棄雞骨架。
3. 油麵筋用溫水泡一下，擠乾水分，剪一個小洞，放入約1大匙的肉餡，包捲成橄欖形。
4. 豆腐衣每張切成3小張，也包入肉餡，包成長筒形。
5. 將火腿排在1個中型碗的中間成一排，2種肉捲分別排在兩旁，注入2/3杯雞清湯(湯中加少許鹽)，上鍋大火蒸20分鐘。
6. 泌出湯汁，將碗中材料倒扣在大湯碗中，注入調過味道的高湯和蒸出的湯汁。

第五堂課

香滷肉排

糖醋蓮白捲

翡翠椒釀肉

宮保雞丁

老少咸宜的美味大肉

香滷肉排

課前預習

重點1　紅燒技法

紅燒通常指食材經過炸、煎、炒或汆燙後，加入其他調味料，一起燉煮直到入味的一種料理方式。在今天這道香滷肉排中，水加得多了一點，是紅燒加上滷的手法的一道美味料理。

重點2　記得留意將肉翻面

燉煮時，請每30～45分鐘，將肉翻面繼續烹煮，好讓整塊肉的顏色都能一致。

重點3　放涼再切片

煮好的肉，可依照要吃的變化切薄片或厚片。但是千萬要記得，等放涼了再切，因為熱熱的時候切，怕肉質太軟，容易切散。

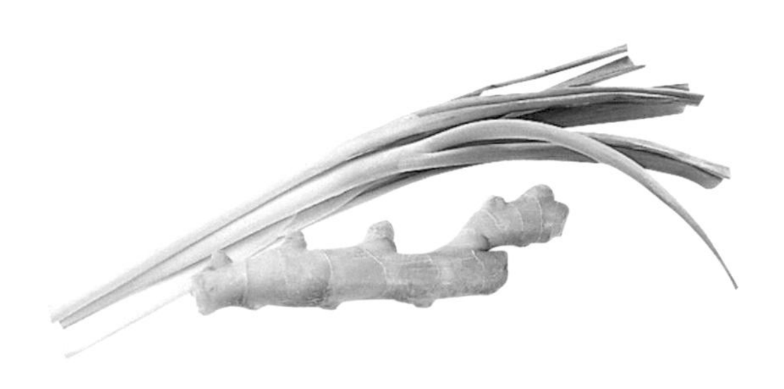

認識食材

1 梅花肉：

梅花肉是豬肉前腿肉中的精華，是長條型的肉，前段的部分比較窄而圓，這部分的肉，有油脂也帶筋，吃起來非常的嫩，燒起來是最好吃的。

2 八角：

八角一定要有八個瓣，才算是一顆八角。今天做的肉排，肉約有一斤半的重量，大約900公克，搭配一或兩顆的八角就可以了。等到肉表面都煎熟後，就可以其他的辛香料一起入鍋爆香。

學習重點

1 棉繩的定型作用

因為整塊的梅花肉，瘦肉與肥肉相間，再加上需要長時間的烹煮，因此肉塊會有點分散，所以建議綁上棉線，將肉塊固定成圓柱形即可。

2 將肉的表面煎熟

由於選用的是整塊的梅花肉，所以在把表面煎熟的這個階段中，記得確認肉的每一面都有煎到，大約每一面30～40秒鐘左右，聞到香味後，就可以轉換一面。

3 收汁

把肉以及其他一起燉煮的材料取出後，再將爐火轉大，把湯汁收一下。這時候千萬不要有任何材料在其中，否則會因為收汁的關係，而變得太鹹。

開始料理

材料：

梅花肉一塊約900～1000公克、蔥4支、薑2～3片、八角1～2粒、棉繩2條。

調味料：

醬油5大匙、酒2大匙、冰糖1大匙。

做法：

1. 梅花肉用棉繩紮成圓柱形，放入鍋中，用3大匙油煎黃表面，取出。
2. 放下蔥段等用餘油炒香一下，放回肉排，淋下調味料和水4杯，煮滾後改用小火滷煮，約1個半小時，煮至喜愛的軟度。關火浸泡1小時以上。
3. 肉排切片裝盤，湯汁用大火略收濃稠，滴入少許麻油，再淋在肉排上。

※ 為增加肉香，也可加入2～3片月桂葉一同滷煮。

做這道肉排時，加點其他的食材一起烹煮也無妨，例如：油豆腐、白煮蛋等等。

料理課外活動

味噌叉燒拉麵

材料：
滷梅花肉1塊、玉米粒2大匙、海帶芽1小撮、糖心滷蛋1個、大骨高湯4杯、拉麵300公克。

調味料：
味噌1～2大匙、滷湯2大匙。

做法：
1. 滷梅花肉冷卻後切成1公分厚片；海帶芽用水泡開，瀝乾水分。
2. 豬高湯煮滾後，以調稀的味噌和滷湯調味。
3. 拉麵放入滾水中煮至熟，撈出，分別放入2個大碗中。
4. 將肉片、玉米、海帶芽和糖心滷蛋擺在拉麵上，澆下熱湯即可。

滷肉貝果

材料：
滷梅花肉4片、蕃茄1/2個、黃瓜1支、貝果2個。

調味料：
美乃滋適量、芥末醬適量。

做法：
1. 貝果橫切成兩半，放入烤箱中略烤黃，塗上少許美乃滋或芥末醬。
2. 黃瓜切片，和蕃茄分別排在貝果上。
3. 擺上滷梅花肉，再蓋上另一半貝果。

炎炎夏日的消暑涼菜

糖醋蓮白捲

課前預習

重點1 香菇需事先蒸入味

香菇必須先放到電鍋裡蒸熟，要蒸到入味，可以把泡香菇水的渣質去掉，剪去蒂頭，加入醬油、白糖，一點點油（增加乾香菇的滋潤）和蔥，入鍋蒸20分鐘。

重點2 沒用完的高麗菜的保鮮方法

因為是整顆高麗菜放入滾水中燙煮，以取下葉片來用，剩餘的高麗菜要趕緊用冷水沖涼，阻止熱氣持續在菜葉中留存，否則高麗菜容易發酸，同時，也盡量在最短的時間內，將剩下的高麗菜做成其他料理。

重點3 糖與醋的比例

糖醋料理少不了糖醋醬汁，糖與醋的比例非常簡單，一般是抓1：1等量就可以了。稍微攪拌一下，讓糖融化即可。至於醋的種類，無 論是鎮江醋或是白醋都可以。

認識食材

1 蓮白菜：

蓮白菜其實就是高麗菜，蓮白菜是四川人的稱法，因為菜長得像蓮花一般，所以得名。

2 綠豆芽：

綠豆芽比起黃豆芽更脆口，口感更好，因此今天的蓮白捲就選用綠豆芽為內餡的主角之一。綠豆芽在燙過水並漂涼後，記得擠乾水份，會更爽脆。

3 芹菜：

芹菜摘去葉子後，整根放入熱水中燙過，這樣整根燙的比切段散開來的好包，切好的蓮白捲也漂亮。燙到微微變軟的時候，就可以撈出，放到冷水中降溫。

4 鎮江醋：

這道糖醋蓮白捲，浸泡高麗菜的糖醋汁中，醋的部分用的是醋香比較足的鎮江醋，不過如果家裡沒有，其實使用一般常見的白醋也是可以的。

學習重點

1 燙蓮白菜的方法

要取菜葉來包捲餡料，可在梗心附近用刀子根部開刀口，之後再放入熱水中燙一下，菜葉一碰到熱水變軟，就可以輕鬆的取下，並且有完整漂亮的形狀。

2 各種食材的脫生方法

綠豆芽和芹菜，可以用熱水快速的川燙一下，聞不到生豆芽的味道時就可以了，燙過的豆芽，要泡冰水保持脆度。但是胡蘿蔔就不適合用熱水燙煮了，會失去脆度，需要用鹽巴來抓醃、脫生，不只可以逼出胡蘿蔔的澀水，也可以增加脆度。

3 煎花椒的秘訣

花椒在煎香時，一定要用小火慢煎，否則大火之下，花椒會焦掉並產生苦味。

4 包捲的注意事項

在包起蓮白捲前，可以先把菜梗削平，包捲時，記得所有的材料都要平均鋪排。在包捲之前，也可以視情況將前端不整齊的部分切除。

開始料理

材料：

高麗菜1棵、香菇3朵、胡蘿蔔1段、綠豆芽200公克、芹菜3支、花椒粒1大匙。

調味料：

（1）糖4匙、醋4大匙、醬油2大匙。

（2）醬油1大匙、糖1/2茶匙、油1大匙、泡香菇水1杯。

做法：

1. 高麗菜蒂頭處切上4個刀口，放入滾水中燙煮，剝下4片菜葉，削除菜葉上的硬梗。
2. 在大碗中，將調味料（1）混合，放下高麗菜葉浸泡30分鐘（需時常翻動）。
3. 芹菜切成長段；豆芽摘好洗淨，兩種均放入滾水中燙一下，豆芽燙至脫生後即撈出，擠乾水份，拌上少許麻油和鹽。
4. 香菇泡軟後放入碗中，加調味料（2）蒸20分鐘，取出後待涼、再切成絲；胡蘿蔔切絲，拌少許鹽醃10分鐘，擠乾水分。
5. 每兩片高麗菜葉相接（葉片大時，可以一片菜葉單獨包捲），將豆芽等材料在中間整齊排成長形，緊緊捲成筒狀。捲好後再切成3～4公分的段，排在盤內。
6. 鍋內用油將花椒粒炸香，再將泡高麗菜所剩的汁倒入煮滾，待涼後過濾，淋到蓮白捲上即可上桌。

夏天時，可以一次做多一點放在冰箱，隨時就能上桌。

料理課外活動

翡翠花枝捲

材料：
花枝肉300公克、高麗菜1棵、火腿屑2大匙、蔥2支、薑2片、清湯1杯、豆苗適量。

調味料：
（1）酒1茶匙、鹽、糖各1/4茶匙、胡椒粉少許。
（2）鹽少許、太白粉水少許。

做法：
1. 蔥薑拍碎，泡在3大匙水中，做成蔥薑水。花枝肉切成小塊，放入食物調理機中，同時加入蔥薑水和調味料（1），打成花枝漿。
2. 在高麗菜的蒂頭處切4刀（成一個口字），放入滾水中燙煮1分鐘，使菜葉變軟，以便剝下菜葉，如高麗菜較大，有4片葉片即可，立刻進入冷水中至涼。
3. 把葉梗較厚的地方修薄，再修切成4公分寬，9～10公分長。
4. 將花枝漿放在葉片上，手指沾水，抹光花枝漿的表面，捲起成筒狀，兩端沾上少許火腿屑，排在盤中。
5. 蒸鍋中水滾後放入花枝捲，大火蒸6～7分鐘，取出，換入大盤中。
6. 清湯煮滾，加少許鹽調味，再用太白粉水勾成薄芡，淋在花枝捲上。再將炒好的豆苗放在盤中上桌。

爽口白菜捲

材料：
大白菜葉4片、白蘿蔔絲1杯、胡蘿蔔絲1/4杯、蘿蔔葉或芹菜1支。

調味料：
醃料：鹽2茶匙。
浸泡料：糖1大匙、白醋2大匙、味霖2大匙。

做法：
1. 大白菜葉修整一下，梗部較厚的地方可以片切掉一些，均勻地撒下1茶匙的鹽，放置10分鐘以上，待白菜出水，沖洗一下，擠乾水分。
2. 蘿蔔葉洗淨，略切碎；或者用芹菜，連葉子一起切成段。和白蘿蔔絲及胡蘿蔔絲一起混合，撒下剩下的1/2茶匙鹽抓拌一下，等出水回軟後，擠掉澀水。
3. 白菜平鋪在砧板上，放上蘿蔔絲等料，包捲成春捲形，放入深盤中，加入浸泡料浸泡，泡時要記得翻面，以便均勻入味，放入冰箱中冷藏。
4. 泡過1～2小時，待要吃之前在切成段排盤，淋上一些汁。

好吃又好看的經典佳餚

翡翠椒釀肉

課前預習

重點1　辣度的測試和調整

想知道買回來的翡翠椒的辣度，可以在去掉蒂頭和籽後，用手抹一下翡翠椒內部，再放到嘴裡嘗一嘗，看看辣度是不是自己喜歡的。如果覺得太辣，想要降低辣度，可以將翡翠椒泡在水裡，多換幾次水，就可以去掉辣氣。

重點2　煎香的判斷

填塞好的釀肉，需要放到鍋裡油煎。只要看到翡翠椒的表面有焦痕，就可以翻另外一面，或是將鍋子內外圍的釀肉換個位置，讓每一條翡翠椒都略有焦痕，就可以進行下一個步驟了。

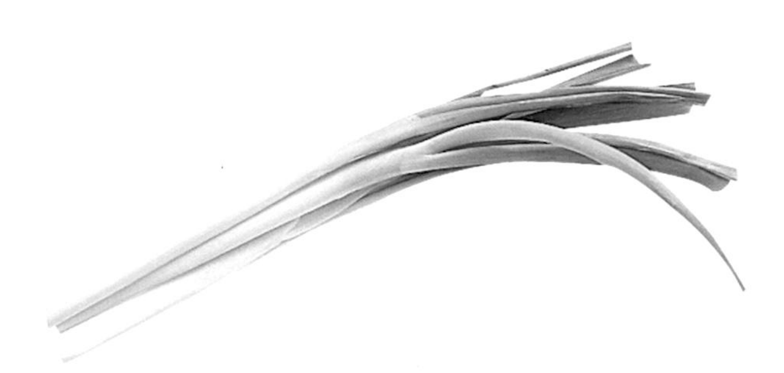

認識食材

1 翡翠椒：

翡翠椒有顏色深淺的分別，但是不管顏色如何，記得挑選胖胖的翡翠椒，因為如此一來，翡翠椒內部才有足夠的空間，可以釀填絞肉。

2 前腿絞肉：

前腿絞肉比較嫩，建議大家自己在家裡做料理，可以選擇好一點的食材。同樣的，記得都把絞肉剁一剁，交叉來回並翻一下繼續剁，讓肉產生黏性。

學習重點

1 迅速去籽方法

要去掉翡翠椒的籽，其實很簡單。切掉蒂頭後，把翡翠椒用兩手手掌搓揉一下，使裡頭的籽受到鬆動，再用剪刀或夾子，把白色的囊和籽夾出，在砧板上倒扣幾下，籽就可以都去掉了。

2 填塞肉餡很簡單

即使是已經在底部剪開小洞，讓填餡過程中空氣能夠排出。但是光是用筷子填餡還是很辛苦，建議將肉餡放在塑膠袋內，將塑膠袋的底部邊角，剪開一個小洞，做成類似擠花袋的效果，把尖端放入翡翠椒內，壓住頂部，就能將肉餡順利擠入。

3 肉餡只需再加蔥花即可

由於翡翠椒本身就有辛香味，而且翡翠椒的空間也比較小，因此肉餡不必再加其他配料，只需要切細的蔥花增添香氣即可。切蔥花時也需要一些更細小的碎蔥花，可以在切好後，再來回剁幾下即可。

開始料理

材料：

絞肉200公克、翡翠辣椒10支。

調味料：

（1）蔥屑1大匙、醬油2茶匙、麻油1/2茶匙、太白粉1/2茶匙、水2～3大匙。

（2）醬油2茶匙、糖1大匙、醋1大匙、鹽1/4茶匙、水1杯、麻油數滴。

做法：

1. 絞肉中加蔥屑再剁一下，放在碗中，加其他調味料（1）拌勻。
2. 翡翠椒去蒂頭，由頂端挖出辣椒籽，尾端切一個小刀口。
3. 絞肉餡放入塑膠袋中，袋角剪一個小洞，將肉餡擠入翡翠椒中，盡量擠滿一點。
4. 炒鍋中熱1大匙油，以小火煎黃翡翠椒表面，淋下醬油、糖、醋、鹽和水。
5. 先煮滾後改小火，燒約8～10分鐘至汁收乾，滴下麻油。

這是道冷菜，可以一次做多一點，可以放在冰箱，想吃的時候拿出來，室溫回溫就可以吃了。

料理課外活動

釀豆腐

材料：

豆腐4方塊、絞肉200公克、扁魚乾1-2片、蔥屑1大匙、薑汁1茶匙、蔥絲1大匙。

調味料：

（1）鹽1/4茶匙、淡色醬油1大匙、酒1大匙、太白粉2茶匙、白胡椒粉少許。

（2）清湯或水1½杯、蠔油1大匙、醬油1茶匙、太白粉水2茶匙、麻油少許。

做法：

1. 豆腐每一方塊對角切一刀，切成兩個小三角形。
2. 扁魚乾用油慢慢煎香，待涼後剁成細末（約有1大匙的量）。
3. 絞肉再剁過後，加入扁魚末、蔥屑、薑汁和調味料（1），仔細調拌均勻（視絞肉情況，可再加入水1～2大匙）。
4. 再豆腐斜角的一邊挖去少許豆腐泥（可拌入絞肉餡中），撒下少許鹽和乾太白粉後，釀入絞肉餡。
5. 炒鍋中燒熱油2大匙，放下釀豆腐。先要肉面朝下放，待煎黃後再翻面，加入水、蠔油和醬油，煮滾後改以小火煮4～5分鐘（須蓋鍋蓋）。
6. 盛出豆腐裝盤，鍋中湯汁勾芡後淋下麻油、撒下蔥絲，淋在豆腐上即可上桌。

釀瓜環

材料：

大黃瓜1條、豬絞肉250公克、蝦米2大匙、香菇2朵、蔥花1大匙、熟胡蘿蔔2大匙

調味料：

蛋1個、醬油1大匙、酒1/2大匙、鹽1/4茶匙、胡椒粉少許、太白粉1/2大匙、水1大匙。

做法：

1. 大黃瓜削皮後切成2公分寬的圓段，挖除瓜籽（保留少許底部），全部用滾水汆燙10秒鐘（水中加少許鹽），撈起，擦乾。
2. 絞肉中拌入泡軟切碎的香菇、蝦米、熟胡蘿蔔丁及蔥花，並加蛋（打散）和全部調味料，仔細攪拌均勻至有黏性。
3. 在黃瓜內圈撒少許乾太白粉，將肉料填入，抹光表面，放入蒸碗中，注入1杯清湯或水，加少許鹽和醬油調味。
4. 上蒸鍋以大火蒸20～30分鐘，取出後將湯汁倒入小鍋中，勾芡後再淋在黃瓜環上即可。

最下飯的香辣美味
宮保雞丁

課前預習

重點1 雞腿肉的事前處理

即使買回家的雞腿肉已經去骨，但還是要檢查一下。記得把接近小腿的地方，肉中間穿插的白色的筋切斷，以免煮的時候縮起來。肉比較厚的地方，用刀剁一剁，做出交叉的刀口，容易入味、也易熟。可以把看得見的油脂去掉一些。

重點2 雞丁該切多大

一般來說，中國料理中，以丁來形容的料理，指的就是要把食材切成一口可以吃下的大小。以宮保雞丁來說，建議是切成2到2.5公分的雞肉塊最適合。

認識食材

1 肉雞：

肉雞的肉質比較軟，仿土雞的肉質則比較Q彈。在宮保雞丁這道菜中，建議選擇購買肉雞回來料理，比較耐炒，雞肉的口感也比較滑嫩。

2 乾辣椒：

宮保雞丁的美味主角——乾辣椒。在炒香時不一定要像從前習慣那樣炒到變成黑色，因為經過熱氣拌勻雞肉時，乾辣椒也會產生香氣。乾辣椒要放在冰箱儲存，以免發霉。現在市面上有將乾辣椒直接切好段來出售，比較方便，超市也有整支的小乾辣椒，都可以選用。

學習重點

1 醃雞肉

醃雞腿肉時，建議用手來抓，不要用筷子攪拌，因為使用筷子會讓雞肉的皮和肉分離，用手是抓醃反而是比較方便的。

2 拌炒技巧

通常餐廳的過油必須是油比雞肉多，但是家常料理，可以不必如此，只需要比平常炒菜時再多一點油就可以了。拌炒雞肉時可以不必一直翻動，把雞肉攤平、稍微等一下再翻動比較好。不時用鏟子觸碰一下雞肉，如果雞肉已經變硬，就表示雞肉已經熟了。

3 保留花椒香氣

花椒在鍋子裡小火炒香，也是宮保雞丁的香氣來源之一。過去的做法會將花椒取出，我建議取出一半的花椒粒，留一點點在鍋子裡，可以讓這道菜的花椒香氣比較充足。

開始料理

材料：

雞腿2支、油炸或烤熟的花生米1/2杯、乾紅辣椒2/3杯、花椒粒2茶匙、薑屑1茶匙。

調味料：

（1）醬油1大匙、太白粉1/2大匙、水2大匙。

（2）醬油1大匙、老抽醬油1/2茶匙、酒1大匙、糖1大匙、醋1茶匙、太白粉1/2茶匙、水3大匙、麻油少許。

做法：

1. 雞腿去骨後在雞肉面上用刀輕輕剁幾下，使肉鬆弛後切成2.5公分大小塊狀，用調味料（1）拌勻，醃30分鐘。
2. 乾辣椒切成段；花生米去皮備用。
3. 鍋中把1杯熱油燒至9分熱，放下雞肉過油炸熟，撈出。
4. 油倒出，只留下約1大匙油，先小火炒香花椒粒，待成為深褐色時撈棄。
5. 再放入辣椒段炒至深紅褐色，加入薑屑和雞肉，大火炒數下。
6. 加入調味料（2）炒勻，熄火後加入花生米，即可裝盤。

學會了雞丁的處理及醃泡方法，雞肉類料理你就可以自己自由變化。

料理課外活動

宮保鮮貝

材料：
新鮮干貝10粒、乾紅辣椒10～15支、薑屑1茶匙、蒜末1茶匙。

調味料：
（1）鹽少許、胡椒粉少許、麵粉1大匙、太白粉1大匙。
（2）醬油1大匙、酒1大匙、糖1/2茶匙、醋1茶匙、水3大匙、麻油數滴。

做法：
1. 新鮮干貝解凍後以紙巾吸乾水分，撒下少許鹽和胡椒粉。
2. 干貝兩面沾上少許麵粉和太白粉（兩種粉料先混合），放入熱鍋上，用少許油煎黃一面後，翻面再以大火煎黃表面，盛出。
3. 鍋中另外用1大匙油，以小火把乾辣椒炒香，且成為深紅色，盛出。
4. 加入薑末和蒜末再炒一下，把鮮干貝放回鍋中，再倒入調好的調味料，快速拌炒一下。
5. 加入乾辣椒，蓋上鍋蓋，小火燜10秒鐘，關火，裝盤。

宮保豆包

材料：
油炸豆包4片、西芹2支、乾辣椒1/2杯、花椒粒1茶匙、薑末1/2茶匙、蒜末1茶匙。

調味料：
醬油1½ 大匙、酒1大匙、糖2茶匙、醋2茶匙、水1/2杯、麻油1/2茶匙。

做法：
1. 將油炸豆包放入無油的乾鍋中再烘烤1～2分鐘，使其更酥脆。橫切成一刀後再切成2公分寬的片。
2. 西芹削去外層老筋後切片，放入2杯熱水中，燙15～20秒鐘。
3. 鍋中熱油2大匙，放下花椒粒炒香，撈棄花椒粒，再放下乾辣椒小火炒至有香氣，加進薑、蒜屑爆香，淋下調味料煮滾。
4. 加入豆包和西芹，輕輕拌合，炒至湯汁被吸收。

第六堂課

橙汁排骨、京都排骨

山東燒雞

雙菇燒麵筋

打滷蛋羹

香酥排骨的美味變化

橙汁排骨、京都排骨

課前預習

重點1 排骨的切法

最早的廣東館子，在做京都排骨時，會把子排從骨頭的中間剁開來成兩半，讓每一塊肉都只有一半的骨頭，因此油炸時就能快熟，維持口感。不過，如果你家附近的豬肉攤不會這樣分切，你也可以買回家後，自己把排骨肉切少一點，或是買不帶骨頭的肉排直接來切，可視家人的喜好選擇。

重點2 排骨的兩次油炸

第一次炸的時候油溫低一點，把排骨炸熟就可以了，也因為裹上了麵衣，所以在第一次炸時，不要太早用鏟子去翻動，以免破壞麵衣。第二次油炸時，再將油溫調高，炸出漂亮的顏色即可。

認識食材

1 子排：

只要是骨頭與旁邊的肉一起切下來的，就可以稱為排骨，因為帶的肉有多少之分，也有部位之別，因此名稱、價格和烹調方法均不相同。今天示範的兩道排骨料理，用的是子排，也就是從五花肉上開下來的五花排。

學習重點

1 醃排骨

除了用食用的小蘇打調點醬油和水之後，還要加入等量的太白粉和麵粉，用這樣調勻的醃料來醃排骨，需要靜置一個小時。這種醃料會使排骨炸好之後產生一層薄薄的外皮，只要撒一點胡椒粉在上面，就是一道椒鹽排骨了 。

2 橙汁調製

除了使用新鮮的柳橙汁，也會用上瓶裝柳橙汁，主要是中和酸味和甜味，因為每個季節柳橙酸度不同，用新鮮柳橙和市售柳橙汁各半的量來調配。另外再擠些檸檬汁，增加水果的香氣。

3 京都醬汁調製

京都醬主要調味料為A1牛排醬與梅林辣醬油，都在超市可以買到，再加上番茄醬、糖就是道地的京都排骨的醬汁了。

4 檸檬汁的使用

調製調味料時，記得要把增加香氣為主要功能的檸檬汁留下一點，因為在經過熱鍋拌炒後，醬汁中的果香和酸味會消散一些。最後起鍋前再嚐一下，如果酸香氣不足時，就可以再加一些事先留下的檸檬汁，可以補上這股果香。

開始料理

橙汁排骨

材料：

小排骨500公克、萵苣生菜葉（裝飾用）。

調味料：

（1）醬油2大匙、小蘇打1/4茶匙、水3大匙、麵粉2大匙、太白粉2大匙。

（2）柳橙汁1/3杯、糖1大匙、檸檬汁1大匙、新鮮柳橙原汁3大匙、鹽1/4茶匙、太白粉1茶匙。

做法：

1. 小排骨剁成約4～5公分的長段，用調味料（1）拌勻，醃1個小時以上。
2. 調味料（2）先調勻。
3. 炸油燒至5～6分熱，放入排骨以中小火炸至熟，撈出。油再燒熱，放入排骨以大火炸10～15秒，見排骨成金黃色，撈出。將油倒出。
4. 用餘油炒調味料（2），煮滾後關火，放入排骨拌一下，盛到盤中。

京都排骨

材料：

小排骨500公克、萵苣生菜葉（裝飾用）。

調味料：

（1）醬油2大匙、小蘇打1/4茶匙、水3大匙、麵粉2大匙、太白粉2大匙。

（2）蕃茄醬、辣醬油、A1牛排醬各2大匙，清水3大匙、糖1/2大匙

做法：

1. 小排骨剁成約4～5公分的長段，用調味料（1）拌勻，醃1個小時以上。
2. 調味料（2）先調勻。
3. 炸油燒至5～6分熱，放入排骨以中小火炸至熟，撈出。油再燒熱，放入排骨以大火炸10～15秒，見排骨成金黃色，撈出。將油倒出。
4. 調味料（2）倒入鍋中，煮滾後關火，放入排骨拌一下，盛到盤中。

老師的話

兩道排骨，除了醬汁的不同，過程都是一樣的，最後可以再花點心思、加點盤飾，就更色香味俱全了。

料理課外活動

糖醋排骨

材料：
小排骨400公克、洋蔥1/4個、小黃瓜1條、蕃茄1個、鳳梨3～4片、蔥1支、大蒜2粒、蕃薯粉1/2杯。

調味料：
（1）鹽1/4茶匙、醬油1大匙、胡椒粉少許、麻油1/4茶匙、小蘇打粉1/4茶匙。

（2）蕃茄醬2大匙、白醋1大匙、烏醋2大匙、糖3大匙、鹽1/4茶匙、酒1/2大匙、麻油1/4茶匙、水4大匙、太白粉1茶匙。

做法：
1. 小排骨剁成約3公分小塊，用調味料（1）拌勻醃1小時，沾上蕃薯粉。
2. 洋蔥切成方塊；小黃瓜切小塊；蕃茄一切為六塊；鳳梨切成小片；大蒜切片；蔥切段。
3. 燒熱炸油，放入小排骨，先以大火炸約10秒，再改以小火炸熟，撈出排骨。將油再燒熱，放入排骨大火炸10秒，將排骨炸酥，撈出瀝淨油。
4. 用1大匙油炒香洋蔥和大蒜，放入蕃茄、蔥段和黃瓜，炒幾下後，加入調味料（2）和鳳梨，炒煮至滾，最後放入排骨一拌即可裝盤。

豉汁蒸小排

材料：
小排骨300公克、炸肉皮1塊、豆豉2大匙、紅辣椒屑匙、大蒜屑1大匙、太白粉1大匙。

調味料：
酒1大匙、鹽1/4茶匙、糖1茶匙、淡色醬油1茶匙、大匙。

做法：
1. 小排骨要剁成小塊，用太白粉拌勻，放置片刻。
2. 炸肉皮用水泡軟，切成小塊，鋪放在蒸盤中。豆豉用冷水泡3～5分鐘。
3. 起油鍋炒香豆豉，淋下酒爆香，再加入其餘調味料炒勻，關火後放下小排骨拌合，盛入盤中的肉皮上。
4. 將紅辣椒屑和大蒜屑撒在小排骨上，大火蒸20分鐘即可。
5. 取出排骨後可以換一個盤子上桌。

雞肉料理的經典之一
山東燒雞

課前預習

重點1 傳統的做法稍做做改變

山東燒雞傳統上都是整隻雞下去製作，不過為了在家裡料理方便，可以選擇雞腿來做。另外，現代人比較不喜歡、也會想盡量避免油炸的料理方式，除了健康方面的考量，也多半不喜歡剩下一大堆的油，所以，我們改以煎的方式，同樣有香氣又可以上色。

重點2 燒雞的雞肉選擇

過去做燒雞都是做整隻雞，不過現在台灣雞隻都很大，大家也比較喜歡吃雞腿，建議選擇買雞腿就好。雖然肉雞的肉質也不錯，但半土雞的肉質，比較Q嫩又香，建議大家選擇半土雞。

重點3 利用醬油上色

燒雞這道菜是咖啡色的，因此要利用醬油來讓雞皮上色，醃個10～20分鐘就可以了。主要目的並不是要醃肉入味，因為最後是撕成雞絲，可以不必事先醃太久。

認識食材

1 黃瓜：

在菜市場挑選時，黃瓜表皮還會帶點尖刺，有些黃瓜花的蒂頭還在，這就是比較新鮮的黃瓜才會有的特徵，採買時可以注意一下。

學習重點

1 煎雞腿肉

一般的做法是油炸，但是我改用煎的，把雞皮煎出漂亮的褐色。要雞皮上色，鍋子必須燒熱，油也必須燒熱，雞腿下鍋前，要先用紙巾擦一下水份，以免油濺出來，也可以準備鍋蓋，在煎的過程中蓋上，保護自己。

2 放涼的秘訣

蒸好的燒雞，去掉一起蒸的各種配料之後，記得要將雞皮朝上的放涼，皮才會Q，大約1個鐘頭就可以全涼了，想要縮短時間，也可以吹電風扇。

3 三合油

北方人喜歡加點蒜泥在三合油的淋汁內，讓風味更足夠。但是如果害怕蒜的味道，也可以直接用三合油。就是使用醬油、麻油和醋來調配，比例為醬油、麻油、醋為2：1：1，喜歡酸味重一點的話，醋的比例也可以提高一點，三合油的搭配不只是拌燒雞，一般的涼拌菜也都很適合。

開始料理

材料：

半土雞腿2支、黃瓜3條、醬油1/3杯。

蒸雞料：

花椒粒2大匙、蔥2支、薑4片。

調味料：

醬油2大匙、醋2大匙、大蒜泥1大匙、麻油1大匙、蒸雞汁2大匙。

做法：

1. 雞洗淨、擦乾水分，用醬油泡約1小時，要常翻面，使顏色均勻。
2. 用1/2杯熱油將表皮煎成褐色，兩面都煎過之後盛出，瀝淨油。
3. 將花椒粒和蔥段、薑片放在雞上，上鍋蒸1小時。
4. 黃瓜拍裂，放入盤中。
5. 雞取出放至涼，撕成粗條，堆放在黃瓜上，淋上拌勻的調味料，臨吃前拌勻即可。

蒸燒雞的雞汁，是很美味的，可以留下來當要滷東西時放入滷湯中，或做其他料理時也可以加入。

料理課外活動

鮮茄燒雞

材料：

雞半隻（約1.2公斤）、洋蔥1/2個、洋菇8～10粒、蕃茄2個、冷凍青豆2大匙、麵粉1/2杯。

調味料：

1. 鹽1/2茶匙、黑胡椒少許。
2. 蕃茄糊1大匙、酒1大匙、淡色醬油1茶匙、水或清湯2杯、鹽1/3茶匙、糖1/2茶匙。

做法：

1. 雞剁成塊，放入大碗中，撒下鹽和胡椒粉拌一下，放置5分鐘。下鍋煎之前，沾上一層麵粉。
2. 蕃茄切刀口，放入滾水中燙一下，再泡入冷水中去皮，每個切成4小塊，盡量去除蕃茄籽。
3. 洋菇一切為二；洋蔥切粗條備用。
4. 鍋中燒熱2大匙油，放下雞塊煎黃外皮，盛出。放下洋蔥和洋菇炒香，再放下蕃茄塊和蕃茄糊一同略炒。
5. 淋下酒和醬油，加入水，煮滾後放下雞塊，下鹽和糖調味，以小火煮約35～40分鐘，至雞已經夠爛或煮至喜愛的口感，加入青豆再煮一下。
6. 再試一下味道，適量調味。

金針雲耳燒雞

材料：

半土雞半隻（約1.2公斤）、乾木耳1大匙、金針30支、筍1支、蔥1支、薑3～4片。

調味料：

醬油3大匙、酒1大匙、糖1茶匙、鹽1/3茶匙、太白粉水少許。

做法：

1. 雞肉剁成塊，放入滾水中燙20～30秒鐘，撈出、洗淨。
2. 金針和木耳分別用水泡軟，木耳要摘蒂頭、洗淨，分成小朵；筍切片。
3. 用2大匙油先將蔥、薑煎香，加入筍片炒過，先淋下醬油和酒，再加糖、鹽及熱水2杯，煮滾後把雞和木耳加入拌合。
4. 大火煮滾後改成小火，蓋上鍋蓋，燒煮約40分鐘後放下金針，再煮約10分鐘至喜愛的爛度，試一下味道。
5. 鍋內湯汁仍多，開大火收汁或以太白粉水勾薄芡即可。

※ 不喜歡木耳太爛的話可以晚一點再放，煮20分鐘即可。

Stainless steel 18/8
Stainless steel 18/8

食材與料理同樣精彩
雙菇燒麵筋

課前預習

重點1 泡香菇的方法

大約先泡個2～3分鐘左右，就把水倒掉，好像清洗一下香菇，再另外加水泡香菇，這個水就可以直接用來烹煮了。

重點2 洋菇

洋菇是海綿體，很怕水分，所以千萬不要泡水，因為一旦吸收到水分，洋菇下鍋炒的時候，就會一直出水，香氣就會消失了。

認識食材

1 花菇：

花菇是冬天的品種，是冬菇之中品質比較好的香菇。比起其他的香菇品種，香氣要多一點，菇肉也比較厚一點，所以選擇來做這道雙菇燒麵筋。

2 油麵筋：

油麵筋可以在素料攤上買到，是一個一個單獨賣的，可以依照人數採買，買的時候記得聞一下有沒有油蒿味。要煮之前先用溫水泡軟，就可以使用了。油麵筋有大有小，如果買不到大麵筋，小麵筋也可以選用。

學習重點

1 使用的油量

雖然菇類吸油，但是油麵筋本身就有油份了，因此可以不必放太多的油，大約2大匙熱鍋、爆香使用即可。

2 雙菇的下鍋順序

因為洋菇比香菇還吃油，所以記得先下香菇，以免油份全被洋菇吃掉，同時也可以讓香菇的香氣充分散發出來。

3 連裝飾的青江菜也美味

青江菜燙過之後，立刻泡在冷水裡保持翠綠的顏色之外，最好是加入鍋中再一起燒一下，讓蔬菜也有味道，不會只是一個沒有味道的裝飾品。

4 薄芡：

做菜時如果需要勾些薄芡，只要增加太白粉水的水量即可。平時勾芡，粉與水得比例是1：1，勾薄芡時水量增加，將比例調整為粉與水是1：2即可。

開始料理

材料：

香菇5朵、洋菇8粒、大油麵筋8個、蔥1支（切段）、青江菜5棵。

調味料：

醬油2大匙、糖2茶匙、麻油少許。

做法：

1. 香菇泡水至軟，抓洗一下，再依大小切成2～3片；青江菜對剖為二，用熱水燙一下，撈出用冷水沖至涼。
2. 洋菇快速沖洗一下，擦乾水份，對切成兩半，小的整顆不切。
3. 麵筋用溫水泡軟，擠乾水份備用。
4. 燒熱2大匙油炒香香菇和蔥段，再加入洋菇同炒，放下醬油和糖，並淋下1杯水煮滾。
5. 放入麵筋和燙過的青江菜，再以小火煮3～5分鐘，至湯汁收乾，或略勾薄芡，滴下麻油即可關火。

不喜歡青江菜的味道，或是想換換口味，也可以用花椰菜來替代。

料理課外活動

油麵筋塞肉燴青菜

材料：

絞肉250公克、油麵筋8個、蔥1支（切段）、小青江菜10棵、太白粉水適量。

調味料：

（1）蔥屑1茶匙、醬油1大匙、麻油1/4茶匙、太白粉1茶匙、水2大匙。

（2）醬油2茶匙、糖1茶匙、鹽1/4茶匙、水1杯。

做法：

1. 絞肉再剁細一點，加調味料（1）拌勻。
2. 油麵筋先用冷水泡至微軟，剪開一個小刀口，把絞肉餡填塞入油麵筋中。
3. 青江菜摘去老葉，切成兩半，洗淨，瀝乾。
4. 炒鍋中加熱1大匙油，把蔥段和青江菜下鍋炒一下，盛出青江菜後加入調味料（2）煮滾，放下油麵筋一起燒煮。
5. 以中小火燒煮約8～10分鐘，再加入青江菜同煮3分鐘，略勾薄芡及即可盛盤。

白果香菇燒麵筋

材料：

香菇4朵、白果1/2杯、小麵筋20粒、蔥1支（切段）、黃瓜1支、胡蘿蔔數片、油2大匙。

調味料：

蠔油1大匙、醬油1/2大匙、糖1/4茶匙、麻油少許。

做法：

1. 香菇泡水至軟，依大小切成2-3片；黃瓜切片。
2. 真空包裝的白果要用水多沖洗幾次，瀝乾；帶殼白果敲開後泡熱水，水涼後剝去紅色澀衣。
3. 麵筋用溫水泡軟，擠乾水分備用。
4. 燒熱2大匙油炒香香菇和蔥段，放下蠔油、醬油、糖和白果，並淋下1杯泡香菇的水煮滾，中火燒煮約5～6分鐘。
5. 放入麵筋和胡蘿蔔片，再燒3分鐘，放下黃瓜片炒勻，大火炒至湯汁將收乾時，滴下麻油即可關火。

平凡滿足的家常羹湯

打滷蛋羹

課前預習

重點1 什麼是打滷

打滷指的就是勾芡的湯，家常館子裡的打滷麵，或是老一輩人口中常說的，打個滷子來喝，都是這個意思。

重點2 蒸蛋比例

蒸蛋時，蛋與水的比例是1：2。也就是說1碗的蛋液，需要搭配2碗的水。今天示範的蛋羹，特別用的是熱水，好處是可以讓雞蛋蒸起來像是布丁一樣的口感，也可以讓蒸蛋比較快蒸好。

重點3 打滷的基本材料

打滷湯的基本材料，有肉片、蝦仁、放一點香菇，是最基本的材料組合，我會再加上小白菜當作補充蔬菜的攝取，另外也可以選擇黃瓜片、木耳、金針菜等等，都很適合。

認識食材

1 邊肉（兩層肉）：

這塊肉是從五花肉的旁邊部位取下來的，油花雖然沒有霜降部位漂亮，但吃起來比較沒有油膩感。但有時候去市場去晚了就買不到了。這個部位的肉很Q、很有彈性，切肉絲或是做蒜泥白肉，都很適合。

2 白沙蝦：

白沙蝦不論是在超市、傳統市場，甚至是宅配都可以買到。一般是依照尺寸的大小分開販售的。所以可以依照做菜的需要採買，今天這道羹湯，用小的蝦子即可。

學習重點

1 蛋汁加入熱水時

把熱水加入蛋液的時候，記得要一邊加水一邊攪拌蛋汁，否則熱水一加進去，可能會變成一碗蛋花湯了。稍微過濾一下，就可以放進蒸碗中。

2 蒸蛋的火侯

蒸蛋時，可以蓋上保鮮膜，讓水氣不會回滴。一開始可以開大火，最多3分鐘，之後就要轉小火。這樣一來，蒸蛋就不會膨脹，也不會產生孔洞，不夠光滑。也可以一開始就用小火蒸，等到蒸氣出現時，再開始計時蒸12分鐘。

3 香菇

判斷香菇的種類，可以看一下蒂頭。如果是太空包種植的，蒂頭就都會是平的；段木栽種的是直接從木頭上摘下來的，蒂頭則會比較不平整。建議讓香菇成為家裡的常備乾貨，隨時都可以取用。

開始料理

材料：

蛋3個、清湯3杯、豬肉片數片、蝦仁10隻、香菇3朵、小白菜隨意。

調味料：

（1）鹽1/3茶匙。

（2）醬油1/2大匙、鹽1/2茶匙、太白粉水適量、麻油1/2茶匙、胡椒粉少許。

做法：

1. 蛋加鹽打散，加入2倍量的熱水調勻，過濾後倒入深湯碗中、蒸熟。
2. 豬肉片加適量醬油和太白粉拌勻，醃10分鐘；蝦仁拌少許太白粉；香菇泡軟、洗淨、切成絲；小白菜切段。
3. 清湯加香菇一同煮2～3分鐘，放入豬肉片及蝦仁煮滾，調味後加入小白菜，湯再滾即可勾芡。
4. 關火後，滴下麻油和胡椒粉，輕輕地倒在蒸好的蛋上便可，上桌後用湯勺將蒸蛋舀起，浮在湯中。

這道菜要上桌時，可以把底下的蒸蛋挖一點起來，成為餐桌上的小驚喜。

料理課外活動

打滷麵

材料：

豬肉片60公克、蛤蜊12粒、蝦仁12支、黃瓜1支、木耳、金針菜各隨意、蛋1個、清湯5杯、細拉麵300公克。

調味料：

（1）醬油1/2茶匙、水1茶匙、太白粉1/2茶匙。

（2）醬油1大匙、鹽1/2茶匙、太白粉水適量、麻油1/2茶匙、胡椒粉少許。

做法：

1. 豬肉片加調味料（1）拌勻，醃約20分鐘。
2. 蛤蜊煮至開口即撈出，待稍涼時剝出肉。
3. 黃瓜切片；乾木耳泡軟、洗淨、摘好、撕成小朵；金針泡水至軟，沖洗一下。
4. 清湯（包括煮蛤蜊的清湯），加木耳和金針煮滾，放下肉片、蝦仁和黃瓜，再煮滾。
5. 加入調味料（2）調味並勾芡，淋下蛋汁成片狀，放下蛤蜊肉，關火。
6. 麵條煮熟後放入麵碗中，澆下打滷料即可。

安琪老師推薦
料理好幫手

料理的美味程度，往往取決於食材，然而廚具也是不可忽略的關鍵所在。
選用優良的廚具，料理過程更加得心應手，美味程度更加分！

米雅可30Dcm 奈米陶晶小炒鍋
最新奈米科技，經特殊硬質陶瓷處理，
冷油冷鍋烹飪也不沾黏。

中農牌家庭號粉絲
耐煮性佳，口感滑溜Q彈，
為家庭料理必備的食材。

飛騰乳狀清潔劑
頑強汙垢一拭就淨，
環保好用無殘留。

飛騰膏狀清潔劑
輕輕鬆鬆去除廚具汙垢，
迅速省力不殘留。

耐銳三層不鏽複合金鋼刀
三層鋼特殊設計，熱銷歐美，
銳利度絕佳又持久。

耐銳家庭用電動磨刀機
專業設計，操作簡單，
磨刀輕鬆DIY，即刻鋒芒再現。

耐銳餐刀組（刀＋叉）
西式料理中慣用的刀叉組，
分割肉塊省力又方便。

飛騰強力去污皂
清潔除臭效果奇佳，且不含有害
化學物質，環保易分解。

米雅可39cm 奈米陶晶炒鍋
最新奈米科技，特殊硬質陶瓷處理，
硬度高、不沾黏，使用壽命長。

創立於民國三十八年（1949）

中農粉絲（冬粉）

堅持台灣製造

好品質、好安心

中農擁有六十多年的優良製粉技術，粉絲滑Q帶勁，不論中式料理、火鍋下料到涼拌、油炸，從料理之初到呈現上桌，絲毫不折損美食鮮味，讓每道精心佳餚得到最高評價。

中農粉絲有限公司

工　　廠：台中市東區進德北路9號
發貨中心：台中市北屯區太原路3段896-2號
電　　話：04-24373655
網　　址：www.jungnung.com.tw
E-mail：service@jungnung.com.tw

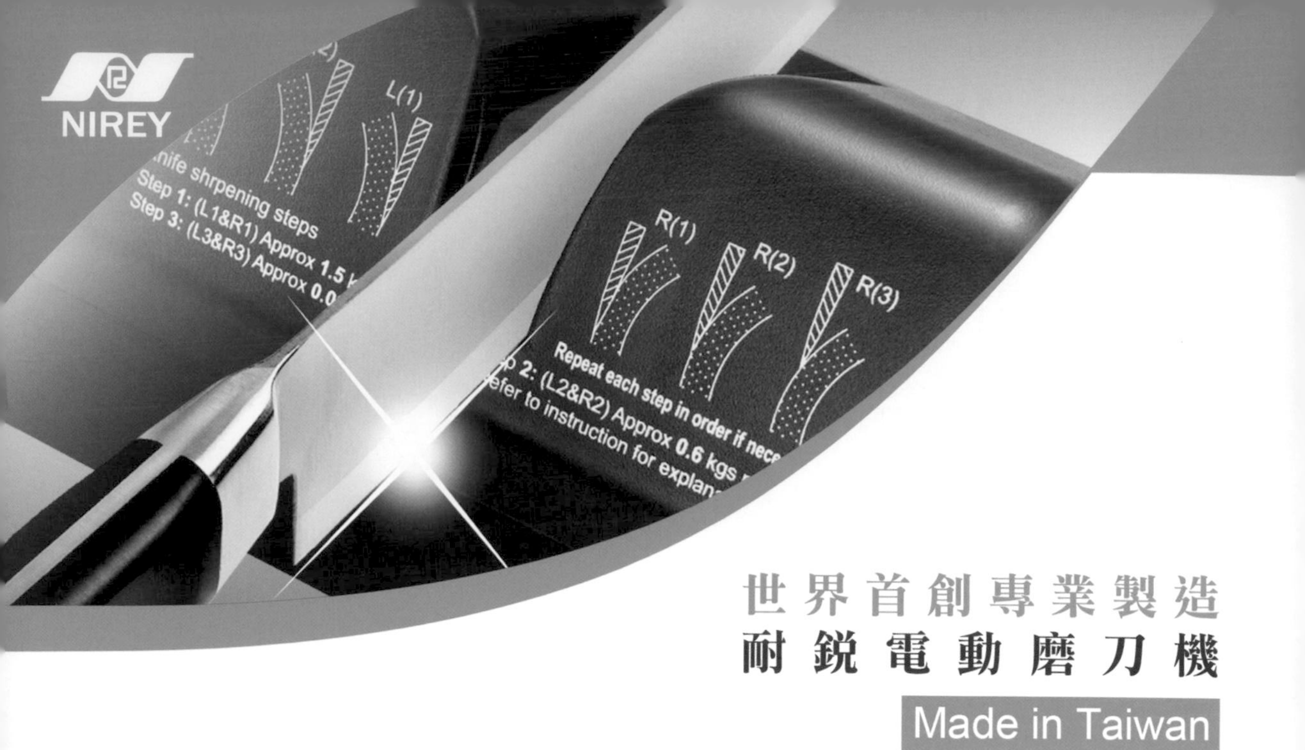

世界首創專業製造
耐銳電動磨刀機

Made in Taiwan

KE-198
家庭用電動磨刀機
尺寸(mm)：長220 x 高70 x 寬90

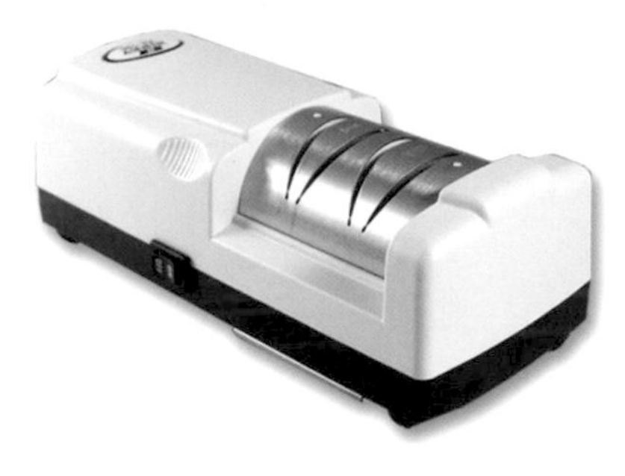

DK-298
專業用電動磨刀機
尺寸(mm)：長226 x 高100 x 寬98

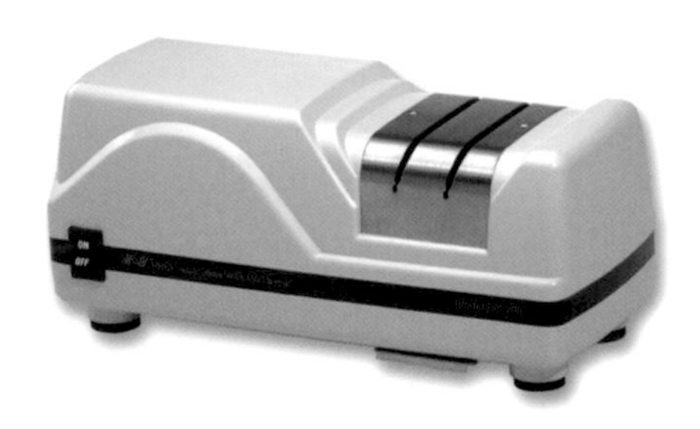

KE-280
專業用電動磨刀機
尺寸(mm)：長320 x 高120 x 寬110

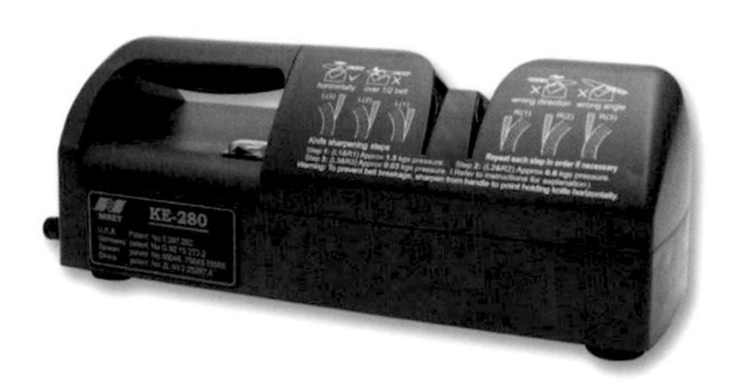

KE-3000
專業用電動磨刀機
尺寸(mm)：長310 x 高110 x 寬110

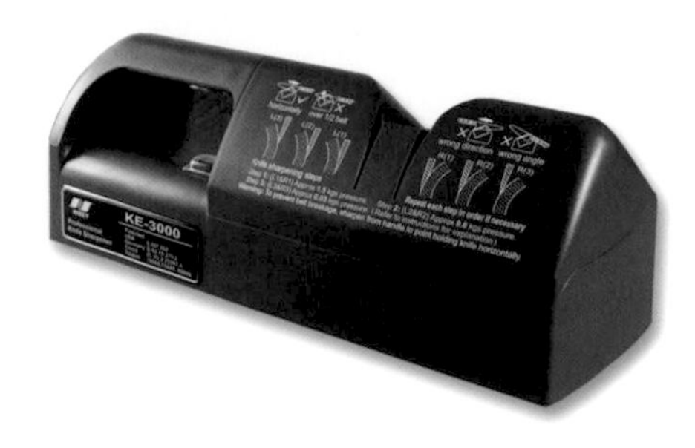

耐銳電動磨刀機榮獲德國、法國、中國、台灣、美國等世界多國專利，仿冒必究。
並擁有CE、VDE、UL、CUL、RoHs等安規認證。

耐銳製造廠有限公司
407台中市西屯區中清路208-16號
電話：04-24259000　傳真：04-24260184
http://www.nirey.com.tw

I.O.SHEN 木子別作
MASTERGRADE

廚師級專業用刀
三層不鏽複合金鋼刀

●利度效果絕佳，銳利度更持久。
●熱銷歐美各國，並榮獲英國2007年最佳刀具獎。

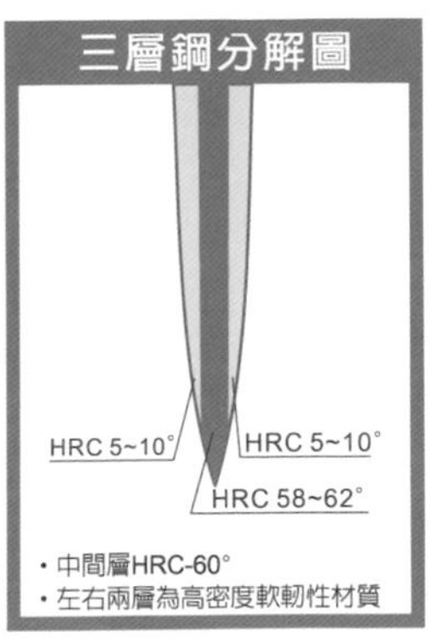

台灣製造

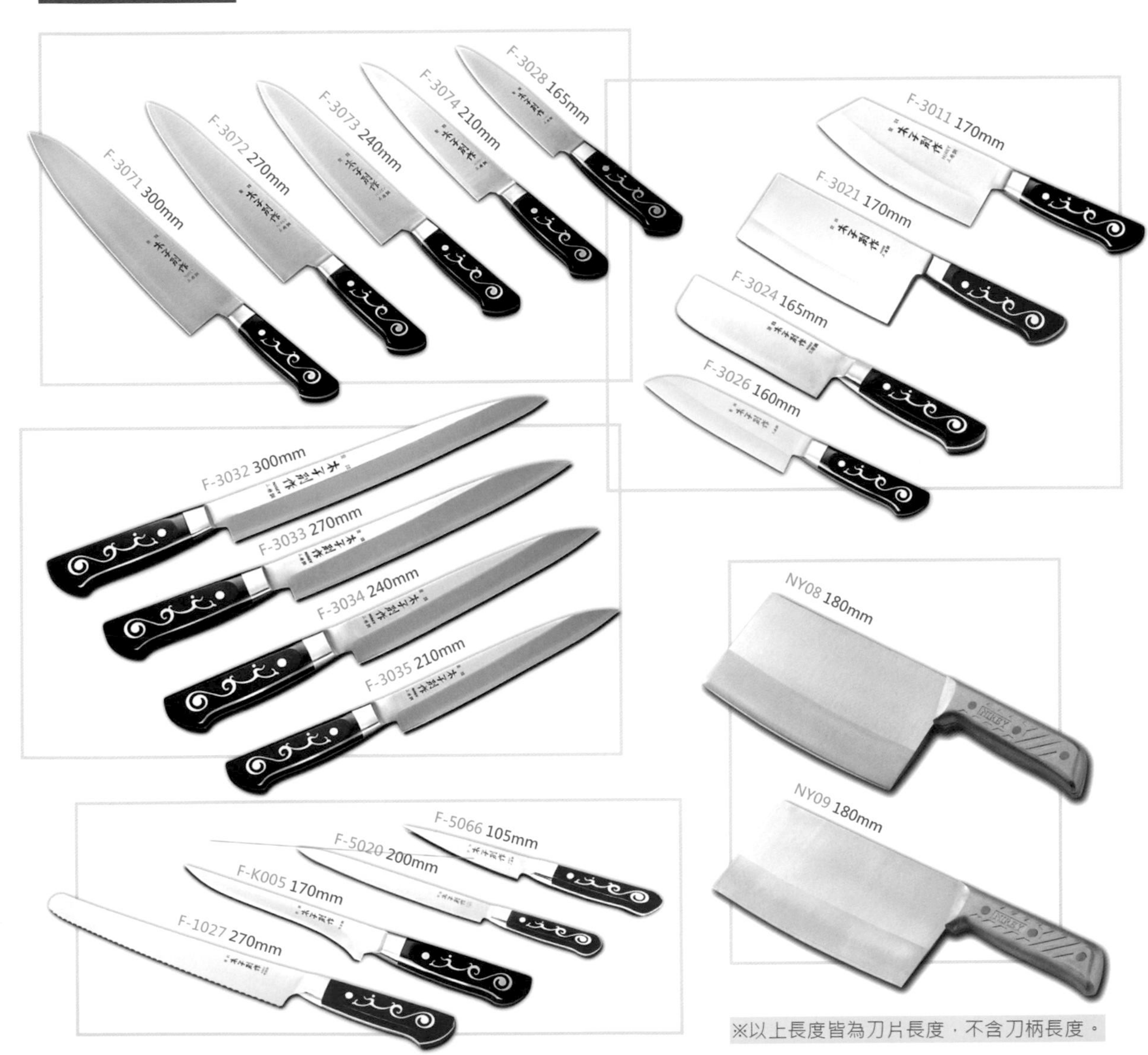

※以上長度皆為刀片長度，不含刀柄長度。

耐銳製造廠有限公司
407台中市西屯區中清路208-16號
電話：04-24259000　傳真：04-24260184
http://www.nirey.com.tw

通過美國（FDA）環保署無毒認證

冷鍋、冷油即可不沾

陶瓷覆膜，具遠紅外線功效

適用金屬鍋鏟

訂購專線：02-26224685-7

HOLA 和樂家居館

全省和樂家居館門市

門市	電話	地址
台北內湖店	02-87915567	台北市內湖區新湖三路23號（特力廣場1樓）
台北士林店	02-28892000	台北市士林區基河路258號B1F（ 基河路、中正路口）
台北中和店	02-22491188	新北市中和區中山路二段291號（威力廣場A棟1-2樓）
台北土城店	02-82611999	新北市土城區青雲路152號3樓（迪斯尼購物中心3樓）
台北三重重新店	02-29992388	新北市三重區重新路5段654號B1（金陵女中隔壁）
台北新店店	02-2915-7789	新北市新店區中興路3段1號4樓(家樂福4樓)
三峽店	02-89700338	新北市樹林區大成路85號
宜蘭羅東店	03-9562000	宜蘭縣羅東鎮民生路6號4F
桃園南崁店	03-3122111＃202	桃園縣蘆竹鄉中正路1號1樓（南崁交流道下）
桃園中壢店	03 4652255	桃園縣中壢市中山東路二段510號B1
桃園八德店	03-375-5999	桃園縣八德市介壽路一段479號2F
新竹新竹店	03-5716168	新竹市光復里公道五路2段469號2樓(愛買2樓)
新竹竹北店	03-5539000	新竹縣竹北市光明六路89號3樓
台中北屯店	04-2247-800	台中市北屯區北屯路407-1號 1F（近北屯路、文心路口）
台中中港店	04-2327-5000	台中市中港路二段71號2F（愛買購物中心2樓）
彰化彰化店	04-736-9666	彰化縣和美鎮彰美路二段49號
嘉義店	05-2773158	嘉義市忠孝路549號
台南仁德店	06-2496866	台南市仁德鄉中山路 779 號（Life 1 仁德生活廣場 1樓）
台南永康店	06-3136660	台南市永康市中華路143號（兵仔市、肯德基旁)
高雄左營店	07-3108000	高雄市左營區民族一路948號（近民族一路、菜公一路路口）
高雄鳳山店	07-7652888	高雄市鳳山市瑞隆東路99號2樓(特力屋鳳山店2樓)
南高雄店	07-8222200	高雄市前鎮區中華五路789號 [illegible]

奈米陶晶炒鍋系列

1. 最新奈米科技處理："**陶瓷覆膜**"科技不沾處理，硬度高、不沾性良好，使用壽命長。
2. 通過**美國FDA**(美國環保署)、**歐盟SGS**無毒認證。
3. 通過不含鐵氟龍成份：**全氟辛烷磺酸(PFOS)**及全氟辛酸銨(PFOA) 之**SGS無毒認證**。
4. 冷鍋冷油即可不沾。
5. 適用金屬鏟使用。

商品材質：
鍋身：陶瓷覆膜　鍋蓋：不銹鋼
把手：電木　產地：台灣

39cm
奈米陶晶炒鍋

28cm奈米陶晶平鍋

30cm 奈米陶晶平鍋

30Dcm奈米陶晶小炒鍋

36cm奈米陶晶炒鍋

- "米雅可" MiyACO為日本鍋具品牌，本公司取得台灣、大陸品牌商標之授權。
- 本公司在台灣鍋具業第一家取得ISO-9001認証之生產工廠。
- 本產品-通過美國FDA及歐盟SGS無毒認証，消費者可安心使用。
- 可使用任何木鏟、樹脂及金屬鏟。
- 本產品經特殊硬質陶瓷處理，冷油、冷鍋情況下烹飪即可達到不沾之效果。
- 耐磨、耐刷、耐高溫且可使用金屬鏟操作及不沾性良好：鍋身採用奈米科技處理，使其表面硬度高，且不沾效果佳。
- 鍋身具有止滑及傳熱迅速，節省能源之功能：鍋身底部特殊螺紋設計，除了具有止滑功能外，可加速傳熱，達到省油省燃料之功能。
- 鍋體背部，經特殊處理，對於油漬及燻黑部位容易清洗去除污垢，保持美觀。
- 易清潔、疏水、疏油特性：師法大自然之荷葉表面疏水結構即蓮花效應 (Lotus effect)。

www.vastar.com.tw

VASTAR Hotplate

革命性的烹調器具 — 飛騰電爐

廣南國際有限公司｜ Vastar International Corp
臺北市士林區雨農路24號
TEL：(02) 2838-1010 FAX：(02) 2838-1212

當新時代的來臨，生活上有了飛騰家電，相信家庭主婦與新時代的女性及新好男人不需要再害怕油煙、污垢、電磁波而不敢進廚房。未來的廚房不難想像飛騰家電的高科技、高品質、安全性與便利性的廚房家電與廚房器具將勢必共同參予你我未來的生活。

SEM-88 光學觸控式四口爐

RM88TC 光學觸控式電爐

RM66 陶磁玻璃電爐

飛騰光學觸控式電爐

一般家庭主婦最害怕進廚房的原因就是廚房裡永遠充滿了油煙污垢，新時代的女性喜歡開放式的廚房，可是又害怕廚房的油煙充斥著屋內的每個角落。當您看到國外影集、居家雜誌，或是有機會曾經在國外居住過，總是會好奇為什麼國外的廚房總是特別乾淨？

主要原因是

國外顯少使用瓦斯爐作為烹調器具。其實廚房內絕大部分之油煙污垢皆為瓦斯爐之一氧化碳燃燒不完整所造成的。一般歐美家庭較習慣使用電爐作為烹調器具，因而較不易產生油煙。然而目前在國內的市場上電爐還並不十分普及，由於長年以來國內之家庭主婦較習慣使用瓦斯爐，認為要看的到火，東西才能煮熟。其實不然，電爐雖然剛開始加熱時需要一點時間預熱，可是當它的溫度上升到我們要求的溫度時候它是較瓦斯爐來的容易控制火力且穩定性也較高。

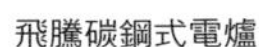

飛騰碳鋼式電爐

RM66TC＋ 飛騰神奇鍋

RM88BBQ 燒烤爐

一般來說家庭主婦若使用過電爐他們會發現

(1) 鍋子底部變更乾淨了

通常鍋子底部會焦黑難清洗之原因是瓦斯爐一氧化碳燃燒不完整所造成的。若您使用飛騰電爐就不會有這個困擾了。

(2) 安全性較高

家裡若有小孩或是老人家的話，最害怕他們煮東西時有時會忘記關瓦斯、有時煮東西時湯汁溢出而不自覺造成瓦斯外洩氣爆。而若使用電爐，以最新款的飛騰德國光學觸控式電爐來說。其烹煮時間若超過一定的時間它會當成你忘記了而自動將電源切斷，而且若湯汁溢出流至觸控感應區，此電爐將會智慧判斷自動切斷電源。

(3) 家庭主婦不再成為黃臉婆

家庭主婦一餐飯煮下來總覺得蓬頭垢面、滿身大汗。主要是因為瓦斯爐的火苗往爐外擴散時會讓整間廚房感到十分燥熱而且到處充滿油垢，令家庭主婦感到疲憊不堪。只有貼心的飛騰電爐直接由爐面導熱至鍋具，既不浪費能源且不會產生廚房燥熱之問題，可以讓家庭主婦在廚房裡一樣當貴婦。

(4) 超低電磁波

市面上之烹調爐具除了瓦斯爐以外另外有電磁爐及鹵素爐以及飛騰電爐。長期以來飛騰家電最感到驕傲的是幾乎所有消費者都認同飛騰家電是超低電磁波的代名詞。

電磁爐的發熱原理為利用電磁波去震盪鍋具的鐵分子而產生熱能，所以電磁爐會挑選鍋具，一定要含有足夠鐵的成分的鍋具才有辦法導熱。如：砂鍋、陶瓷鍋、鋁鍋、耐熱玻璃、不繡鋼鍋等…皆無法使用在電磁爐上；除非上述鍋具在底部有加上一層鐵片，才可用於電磁爐上。

近來消費意識抬頭，愈來愈多媒體不斷的在報導電磁波對人體造成的傷害與影響，導致消費者害怕使用電磁爐並不僅止於鍋具受限之原因，而是害怕電磁波對人體之傷害。據：醫學博士金忠孝教授所著：致病的吸引力『電磁波』所述：『電磁波之可怕之處是在於看不到、摸不到、聞不到而且又沒有熱效應，因而無法判斷其是否存在於你我身邊』，如同瓦斯若沒有加上味道則一樣是難以判斷是否有瓦斯外洩。簡單來講，要判斷家裡的爐具是否是電磁爐，最簡單的方式，可利用家裡各式各樣之鍋具煮煮看是否有辦法加熱，比方說像砂鍋、陶瓷鍋、耐熱玻璃等…若無法加熱且啟動電源後爐面沒有任何溫度(沒有熱效應)則可斷定此爐具為電磁爐.當然也可以至儀器行購買檢測電磁波儀器，也是個不錯的方法。 致於如何判別是否為鹵素爐亦不困難，鹵素爐由於使用鹵素燈管（HALOGEN）為其加熱元件故其爐面加熱後會有熱度且有極為刺眼之紅光亮度，不過值得注意的是其鹵素燈管元件加上其風扇馬達所產生的電磁波劑量並不亞於電磁爐。

當新時代的來臨，生活上有了飛騰家電，相信家庭主婦與新時代的女性及新好男人不需要再害怕油煙、污垢、電磁波而不敢進廚房。未來的廚房不難想像飛騰家電的高科技、高品質、安全性與便利性的廚房家電與廚房器具將勢必共同參予你我未來的生活。

RM2 旅行迷你電爐 ＋ESPRESSO

廣南國際有限公司
臺北市士林區雨農路24號
TEL：(02)2838-1010
FAX：(02)2838-1212

本公司各大百貨專櫃

大葉高島屋12F｜太平洋SOGO台北忠孝店8F・SOGO新竹站前店9F・SOGO新竹Big City店6F・SOGO高雄店10F｜遠東寶慶店8F・遠東FE21板橋店10F｜新光三越南西店7F・新光三越新竹店7F・新光三越台中店8F｜中友百貨台中店B棟10F

國家圖書館出版品預行編目(CIP)資料

安琪老師的24堂課. I, 新手廚娘必備寶典 / 程安琪作. -- 初版. -- 臺北市：橘子文化, 2014.05
面； 公分
ISBN 978-986-6062-98-8(平裝)

1.食譜

427.1 103007323

作　　者　程安琪
攝　　影　強振國
DVD攝影　吳曜宇
剪　　輯　昕彤國際資訊企業社

發 行 人　程安琪
總 策 劃　程顯灝
編輯顧問　潘秉新
編輯顧問　錢嘉琪

總 編 輯　呂增娣
主　　編　李瓊絲
主　　編　鍾若琦
執行編輯　徐詩淵
編　　輯　吳孟蓉、程郁庭、李雯倩
美　　編　李青滿
封面設計　洪瑞伯

出 版 者　橘子文化事業有限公司

總 代 理　三友圖書有限公司
地　　址　106台北市安和路2段213號4樓
電　　話　(02) 2377-4155
傳　　真　(02) 2377-4355
E－mail　service@sanyau.com.tw
郵政劃撥　05844889 三友圖書有限公司

總 經 銷　大和書報圖書股份有限公司
地　　址　新北市新莊區五工五路2號
電　　話　(02) 8990-2588
傳　　真　(02) 2299-7900

初　版　2014年5月
定　價　320元
ISBN　978-986-6062-98-8

版權所有・翻印必究
書若有破損缺頁 請寄回本社更換